粤港澳大湾区
生态资源与环境一体化建设

主　编　赖梅东
副主编　吴　锋　赵振业

中国环境出版集团·北京

图书在版编目（CIP）数据

粤港澳大湾区生态资源与环境一体化建设/赖梅东主编. —北京：中国环境出版集团，2019.1
　　ISBN 978-7-5111-3866-8

　　Ⅰ. ①粤… Ⅱ. ①赖… Ⅲ. ①城市群—生态环境建设—研究—广东、香港、澳门 Ⅳ. ①X321.265

中国版本图书馆 CIP 数据核字（2018）第 297229 号

审图号：GS（2018）6685 号

出 版 人	武德凯
责任编辑	李兰兰
责任校对	任　丽
封面设计	宋　瑞

更多信息，请关注
中国环境出版集团
第一分社

出版发行　**中国环境出版集团**
　　　　　（100062　北京市东城区广渠门内大街 16 号）
　　　　　网　　　址　http://www.cesp.com.cn
　　　　　电子邮箱　bjgl@cesp.com.cn
　　　　　联系电话　010-67112765（编辑管理部）
　　　　　　　　　　010-67112735（第一分社）
　　　　　发行热线　010-67125803，010-67113405（传真）

印　　刷	北京中科印刷有限公司
经　　销	各地新华书店
版　　次	2019 年 1 月第 1 版
印　　次	2019 年 1 月第 1 次印刷
开　　本	787×960　1/16
印　　张	12
字　　数	216 千字
定　　价	98.00 元

【版权所有。未经许可，请勿翻印、转载，违者必究。】
如有缺页、破损、倒装等印装质量问题，请寄回本社更换

《粤港澳大湾区生态资源与环境一体化建设》
编 写 组

主　编　赖梅东

副主编　吴　锋　赵振业

编　委　姜刘志　陈　龙　徐婷婷　褚艳玲　单丽丽

　　　　陈小刚　赵建成　王璟睿　张　力

前　言

作为国家"一带一路"倡议的核心支撑区，粤港澳大湾区拥有一个国际金融中心、两大自由贸易区、三个世界级大港和三大国际机场，创新环境优越，人才资源丰富。2016 年，粤港澳大湾区以占全国不足 1%的土地面积、约占全国 4.5%的人口数量，创造了全国 12.6%的国内生产总值，成为我国经济举足轻重的重要增长极，承担着支持港澳融入国家发展大局、打造国际一流湾区和世界级城市群的重要使命。但与此同时，由于大湾区地处海陆交界地带，自然环境较为特殊，特别是近 40 年来土地开发利用强度不断加大，生态空间不断萎缩，污染负荷增大，粤港澳大湾区也面临着复杂的生态退化和突出的环境污染问题，制约着区域经济建设的可持续发展。纵观世界一流湾区，无一不以优质的生态环境作为支撑，通过环境治理"倒逼"产业转型升级，同时以环保产业为重点挖掘经济增长突破点，进而增强湾区综合竞争力，创造经济与环境的和谐共生。因此，改善和提升当前生态环境质量是粤港澳大湾区经济发展亟须解决的关键问题。

本书通过开展粤港澳大湾区近 40 年生态资源时空变化分析，收集近 10 年来大气、河流、近岸海域和饮用水水源等环境数据，分析粤港澳大湾区生态环境质量状况和变化趋势，梳理湾区生态环境质量问题及成因，在借鉴国际湾区生态环境治理经验的基础上，提出粤港澳大湾区生态环境建设的对策与建议，为系统性改善粤港澳大湾区生态环境、促进粤港澳大湾区经济绿色发展提供科学依据与可靠支撑，为全国探索跨区域生态环境治理提供范本。本书率先系统收集和整理了粤港澳大湾区 11 个城市和地区的近 40 年生态资源、环境质量数据，并对粤港澳大湾区生态环境领域进行全方位、系统性的分析和评价，具有很强的学术前瞻性和实践指导意义。

全书共四篇十五章。第一篇为湾区基础篇，共 3 章，论述粤港澳大湾区地理状况、生态资源和社会经济的基本情况及发展现状。第二篇为生态资源篇，共 5 章，以遥感技术为手段，建立粤港澳大湾区资源分类体系，利用转移矩阵的方法分析粤港澳大湾区 1979—2016 年资源变化特征，使用景观指数分析粤港澳大湾区生态资源的空间分布特征，分析粤港澳大湾区近 40 年海岸线变迁及岸线间生态资源变化的特征，并对产生变化的驱动力及存在的问题进行了分析。第三篇为生态环境篇，共 5 章，从大气、河流、近岸海域、饮用水水源和土壤等环境要素着手，掌握粤港澳大湾区生态环境质量整体状况，并对比分析各个城市生态环境质量的差异，探究粤港澳大湾区生态环境质量的变化趋势，并客观分析了存在的问题及其原因。第四篇为一体化构建篇，借鉴东京湾区、纽约湾区、旧金山湾区在生态环境治理与生态圈建设方面的成功经验，从建立科学统筹机制、严格生态资源保护、加大环境治理力度、构建绿色发展格局、推广绿色生活方式和健全支撑保障体系六个方面，提出有针对性的生态环境建设对策与建议。

编写组热忱希望得到广大读者以及各领域专家、学者的批评指正。

编写组

2018 年 7 月

目 录

湾区基础篇

第一章　粤港澳大湾区自然地理 3
　　第一节　地理位置 3
　　第二节　地形地貌 5
　　第三节　气候特征 6
　　第四节　河流水系 6
　　第五节　土壤特征 8

第二章　粤港澳大湾区资源禀赋 9
　　第一节　水资源 9
　　第二节　生物资源 11
　　第三节　海洋资源 11
　　第四节　湿地资源 13
　　第五节　旅游资源 14

第三章　粤港澳大湾区社会经济 16
　　第一节　人口规模 16
　　第二节　经济发展 18
　　第三节　交通运输 21

生态资源篇

第四章　粤港澳大湾区遥感影像解译 ... 27
第一节　数据来源 ... 27
第二节　数据处理 ... 29
第三节　解译方法 ... 30
第四节　解译标志 ... 31
第五节　精度验证 ... 32

第五章　粤港澳大湾区近 40 年生态资源时空变化特征 ... 33
第一节　生态资源面积变化特征 ... 33
第二节　生态资源时空转移特征 ... 39

第六章　粤港澳大湾区景观格局时空变化特征 ... 44
第一节　类型尺度景观格局变化特征 ... 44
第二节　景观尺度景观格局变化特征 ... 49

第七章　粤港澳大湾区海岸线变迁及开发利用 ... 52
第一节　海岸线时空变化特征分析 ... 53
第二节　典型岸段开发利用情况分析 ... 56

第八章　粤港澳大湾区生态资源问题及驱动力分析 ... 62
第一节　人为活动增加，生境破碎化严重 ... 62
第二节　城市面积增加，资源承载力降低 ... 66
第三节　资源过度开发，生物多样性减少 ... 67
第四节　生态资源变化的驱动机制 ... 69

生态环境篇

第九章　粤港澳大湾区大气环境质量现状及变化趋势 75
　　第一节　空气质量现状 76
　　第二节　空气质量变化趋势 81
　　第三节　空气质量问题及原因 87

第十章　粤港澳大湾区河流环境质量现状及变化趋势 93
　　第一节　河流水质现状 94
　　第二节　河流水质变化趋势 96
　　第三节　河流环境问题及原因 100

第十一章　粤港澳大湾区近岸海域环境质量现状及变化趋势 103
　　第一节　近岸海域水质现状 103
　　第二节　近岸海域水质变化趋势 104
　　第三节　近岸海域环境问题及原因 107

第十二章　粤港澳大湾区饮用水水源环境现状及问题分析 110
　　第一节　饮用水水源水质现状 110
　　第二节　饮用水水源水质问题及原因 113

第十三章　粤港澳大湾区土壤环境现状及问题分析 117
　　第一节　土壤环境现状 117
　　第二节　土壤环境问题及原因 118

一体化构建篇

第十四章　国外三大湾区生态环境治理经验借鉴 ... 123
第一节　东京湾区 ... 123
第二节　纽约湾区 ... 130
第三节　旧金山湾区 ... 136
第四节　国际湾区生态环境治理启示 ... 144

第十五章　粤港澳大湾区生态资源与环境一体化构建 ... 146
第一节　开展科学顶层设计 ... 147
第二节　严格生态资源保护 ... 151
第三节　加大环境治理力度 ... 157
第四节　构建绿色发展格局 ... 163
第五节　推广绿色生活方式 ... 167
第六节　健全支撑保障体系 ... 171

参考文献 ... 175

湾区基础篇

第一章
粤港澳大湾区自然地理

第一节 地理位置

粤港澳大湾区位于北纬 21°30′—24°40′和东经 111°21′—114°53′，由广州、深圳、佛山、东莞、惠州、中山、珠海、江门、肇庆 9 个市和香港、澳门 2 个特别行政区组成（图 1-1），总面积约 5.6 万 km²，是中国人口最稠密的地区之一。湾区地处中国华南地区，面向南海，位于"一带一路"交汇点和中国—东盟经济合作圈内。对内辐射整个华南地区，与京津冀经济圈、长三角经济圈、成渝经济圈构成菱形经济圈，实现长江经济带与"一带一路"的互联互通，促进区域经济一体化；对外通过丝绸之路经济带贯穿中国—中亚经济圈、中国—欧盟经济圈，促进中国境内与中亚、欧盟的经济贸易往来。同时，粤港澳大湾区位处太平洋和印度洋航运要冲，临近全球第一黄金航道——马六甲海峡，通过 21 世纪海上丝绸之路成为东盟各国参与贸易的区域性枢纽站，对推进华南地区与东亚的经济合作，开拓中国与南亚、非洲、欧洲沿线各国海上贸易通道具有重要意义，为我国加快形成海陆统筹、东西互济的全方位对外开放新格局指明了方向，具有得天独厚的区位优势（图 1-2）。

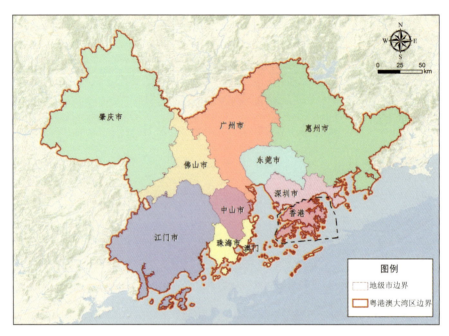

图 1-1　粤港澳大湾区行政区划

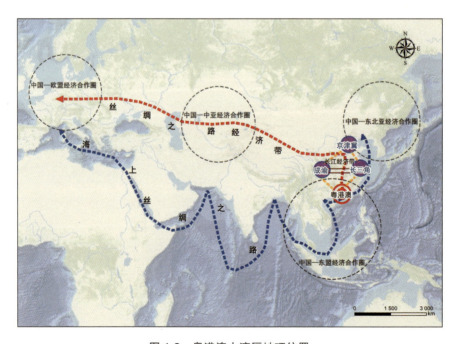

图 1-2　粤港澳大湾区地理位置

第二节　地形地貌

粤港澳大湾区地势较为平坦开阔，以平原为主，平原面积占全区总面积的66.7%，另有山地、丘陵、残丘、台地等散布其间，其中丘陵、残丘和台地的面积约占20%，全区海拔超过500 m的山地面积仅占总面积的3%，主要分布在肇庆、博罗、从化和惠州等湾区边缘地带，最高点海拔1 229 m（图1-3）。著名的山峰有鼎湖山、罗浮山、西樵山等。

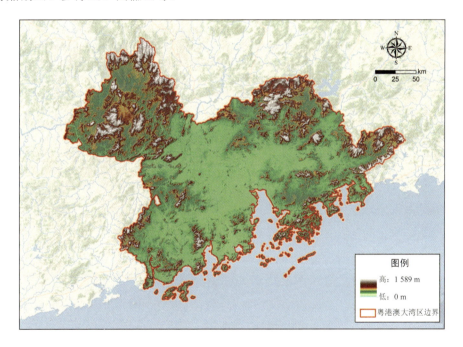

图1-3　粤港澳大湾区数字高程

从大地构造来看，粤港澳大湾区属于华南准台地的一部分，介于东南沿海断裂褶皱带和湘赣褶皱带之间，区域内纬向、东南向和西北向断裂构造多，其基底由古生代变质岩系和中生代燕山期花岗岩构成。区域地壳相对稳定，历史上没有发生过6级以上破坏性地震，具备相对优越的工程地质条件。陆域工程建设地基条件较好，西部、东部地形起伏较大，以坚硬块状岩浆岩、弱风化碳酸盐岩及沙砾岩等为主；海域近岸区地形起伏不大，诱发地质灾害因素较少，工程建设适宜性好，90%以上的濒海海岸线适宜或较适宜建设港口。

第三节　气候特征

粤港澳大湾区为亚热带季风气候，终年温暖湿润，气候宜人。年平均气温 21～23℃，最冷月 1 月平均气温 13～15℃，最热月 7 月平均气温 28℃以上。日照时间长，多年平均日照天数 240 天左右。冬季盛行北风、东南风，年平均风速 2.0～2.6 m/s，台风一般发生在每年 7—9 月，平均每年 1.6 次。年均降水量 1 600～2 300 mm，汛期（4—9 月）降水量占全年的 81%～85%，雨热同期，水面蒸发量 1 200～1 400 mm，陆地蒸发量 800 mm 左右。

第四节　河流水系

粤港澳大湾区位于珠江支流——西江、北江、东江的下游，包括西江、北江、东江和三角洲诸河 4 大水系。河网区集雨面积 9 750 km^2，河网密度 0.8 km/km^2，主要河道有 102 条、长度约 1 700 km，水道纵横交错，相互贯通。

西江水系是珠江流域的主流。上游南盘江发源于云南省沾益县马雄山，至梧州会桂江后始称西江，此后流入肇庆封开县，向东流经肇庆至佛山三水的思贤滘与北江相通后进入珠江三角洲网河区（图 1-4）。西江流域绝大部分在云南、贵州、广西等省（区）内，湾区范围内主要支流有贺江、罗定江和新兴江。西江水系从源头至思贤滘干流长 2 075 km，其中湾区境内 208 km；流域集雨面积 353 120 km^2，其中湾区境内 17 960 km^2；西江流域年均径流量 2 330 亿 m^3，其中湾区境内年均产流量仅 149.6 亿 m^3（表 1-1）。

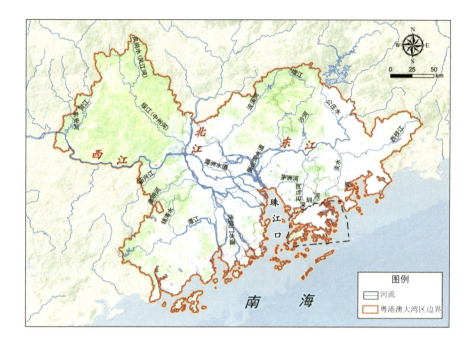

图 1-4　粤港澳大湾区河流水系

表 1-1　粤港澳大湾区西江、北江、东江流域特征

水系名称	干流长度/km	主要河流	流域面积/km²	覆盖城市（湾区）
西江	2 075	西江干流水道、崖门水道、虎跳门水道、鸡啼门水道、磨刀门水道和古镇水道	17 960	肇庆、珠海、中山、江门、广州
北江	468	东平水道、顺德水道、潭洲水道、东海水道、李家沙水道、洪奇沥水道、蕉门水道、佛山水道、横门水道和鬼洲水道	46 710	佛山、广州
东江	520	增江、东江北干流、麻涌水道、倒运海水道、中堂水道和东江南支流	27 040	广州、深圳、东莞、惠州
珠江三角洲	—	潭江、流溪河、增江、沙河、高明河	26 820	佛山、珠海、中山、江门、广州、东莞、深圳

北江水系发源于江西省信丰县石碣大茅坑，流入广东省韶关南雄后称为浈江，在韶关市区与武江（发源于湖南临武三峰岭）汇合后始称北江，此后向南流经清远市，至佛山三水思贤滘与西江干流相通后进入珠江三角洲网河区（图1-4）。北江水系从源头至三水思贤滘干流长468 km，主要支流有武江、南水、连江、潖江、滃江、滨江、绥江等（表1-1）。

东江水系发源于江西省寻乌县桠髻钵（上游称寻乌水），流入广东省河源龙川在五合圩与安远水（贝岭水，发源于江西安远大岩练）汇合后始称东江，向西南流经河源市、惠州市，至东莞石龙进入东江三角洲网河区（图1-4）。主要支流有安远水、俐江、新丰江、秋香江、公庄河、西枝江、石马河等（表1-1）。

珠江三角洲水系是由西江、北江思贤滘以下、东江石龙以下的网河水系和注入三角洲的其他河流组成的复合三角洲。注入三角洲的河流主要有潭江、流溪河、增江、沙河、高明河。网河区河道纵横交错，其中西江、北江水道互相贯通，形成西北江三角洲，而东江三角洲基本上自成一体。珠江三角洲自东向西经虎门、蕉门、洪奇门、横门、磨刀门、鸡啼门、虎跳门、崖门八大口门注入南海。

第五节　土壤特征

根据全国第二次土壤普查结果，粤港澳大湾区范围内的土壤可分为5个土类、14个亚类、45个土属，主要土壤类型有水稻土、赤红壤、红壤、黄壤、潮土等。其中分布最广泛的是水稻土，主要分布在河流冲积平原、三角洲及滨海平原地区，占总面积的95.5%；赤红壤是地带性土壤，呈弧形分布于东北、西部边缘山地或镶嵌于广阔平原中的低山丘陵和南部海湾中的岛屿；红壤、黄壤分布比较零散，主要分布在低山、丘陵、残丘地区；潮土集中分布在佛山、广州、江门、肇庆、深圳等市河流沿岸的河漫滩、河心洲或河流冲积平原、三角平原或谷地上。

第二章

粤港澳大湾区资源禀赋

第一节 水资源

粤港澳大湾区水资源主要分布在 4 条水系——西江、北江、东江和珠江三角洲（表 2-1），其中西江水系水资源总量 843.8 亿 m^3，地表水资源量 843.6 亿 m^3，地下水资源量 196.7 亿 m^3，地表与地下水资源不重复量 0.2 亿 m^3，产水系数 0.53，产水规模 107 万 m^3/km^2，在湾区范围内主要供给广州、珠海、佛山、中山、江门、肇庆和澳门；北江水系水资源总量 696.4 亿 m^3，地表水资源量 696.3 亿 m^3，地下水资源量 161.5 亿 m^3，地表与地下水资源不重复量 0.1 亿 m^3，产水系数 0.62，产水规模 148 万 m^3/km^2，在湾区范围内主要供给佛山和广州；东江水系水资源总量 419.5 亿 m^3，地表水资源量 419.4 亿 m^3，地下水资源量 103.1 亿 m^3，地表与地下水资源不重复量 0.1 亿 m^3，产水系数 0.60，产水规模 154 万 m^3/km^2，在湾区范围内主要供给广州、深圳、惠州、东莞和香港；珠江三角洲水系水资源总量 379.3 亿 m^3，地表水资源量 375.2 亿 m^3，地下水资源量 68.2 亿 m^3，地表与地下水资源不重复量 4.1 亿 m^3，产水系数 0.58，产水规模 142 万 m^3/km^2，在湾区范围内主要供给佛山、中山、广州、惠州和江门。

表 2-1 粤港澳大湾区主要供水通道

水系名称	主要供水通道	主要服务区域
西江	西江干流、西江干流水道、西海水道、磨刀门水道	广州、珠海、佛山、中山、江门、肇庆、澳门
北江	北江干流、东平水道、顺德水道、潭洲水道、沙湾水道	广州、佛山
东江	东江干流、东江北干流、东江南支流及东江三角洲网河区咸水线以上（万江、中堂、新塘一线以上）的主要河道	广州、深圳、惠州、东莞、香港
珠江三角洲	东海水道、桂洲水道、容桂水道、鸡鸦水道、小榄水道、流溪河、潭江、增江	佛山、中山、广州、惠州、江门

资料来源：《南粤水更清行动计划（修订本）（2017—2020 年）》。

2016 年，粤港澳大湾区内地 9 个城市水资源总量 754.1 亿 m^3（图 2-1），地表水资源量 750.1 亿 m^3，地下水资源量 167 亿 m^3，地表与地下水资源不重复量 4.0 亿 m^3，产水系数 0.59，产水规模 137 万 m^3/km^2，人均水资源量 1 109 m^3。

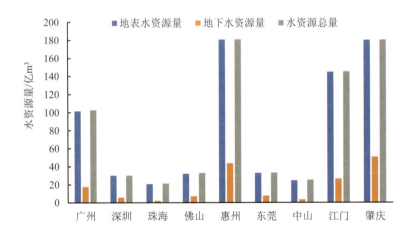

图 2-1 粤港澳大湾区内地 9 市水资源对比

第二节　生物资源

粤港澳大湾区植被繁茂，森林面积达 274.81 万 hm^2，森林覆盖率达 42% 以上，地带性植被为亚热带季风常绿阔叶混交林，组成种类复杂多样且富于热带性，常见植被种类达 500 多种，分属 130 多科 373 属，广泛分布榕树、木棉、鱼尾葵、凤凰木及人工种植的马尾松、山竹子、桉树、相思树等树种，珠江口红树林中分布有秋茄、木榄等树种，沿海沙滩有海刀豆、厚藤、海芒果等树种。农作物主要有双季稻、冬甘薯、双季玉米、秋花生、大豆、甘蔗等，集中分布在中部平原、周边低地、谷地等。

湾区境内动物资源丰富，据初步调查，东南部以象头山国家级自然保护区为代表，陆生脊椎野生动物 305 种；北部以鼎湖山国家级自然保护区为代表，兽类 38 种、爬行类 20 种、鸟类 178 种、蝶类 85 种、昆虫 681 种。

第三节　海洋资源

粤港澳大湾区海岸线长达 1 500 多 km，拥有大亚湾、大鹏湾、深圳湾、广海湾、镇海湾等海湾，以及内伶仃岛、高栏列岛等岛屿（图 2-2、表 2-2）。珠江口是国家一级保护动物中华白海豚、中华鲟的主要分布区和国家二级保护动物黄唇鱼的产卵场，磨刀门水道是鲥鱼、鳗鱼、花鳗鲡和中华鲟等的主要洄游通道。同时该区也是重要的鸟类分布区，包括广州新造、深圳福田、珠海淇澳、佛山三水、江门新会、台山和恩平沿海及出海河口，均位于国际候鸟迁徙路线上。

湾区及周边海域油气和天然气水合物（可燃冰）等能源具有极大的开发利用潜力。海域油气资源多集中于珠江口盆地，预测石油储量为 80 亿 t；天然气水合物具有良好的开发前景，现已圈定 11 个远景区、19 个成矿区及 2 个千亿立方米级矿藏，并已在神狐海域成功试开采，累计产气超过 30 万 m^3。

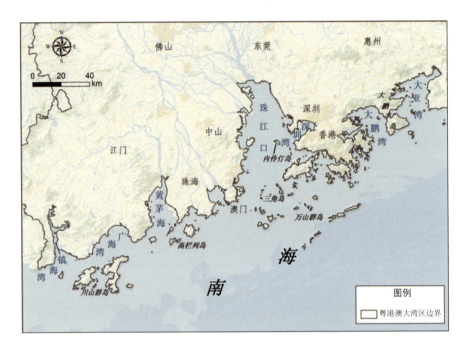

图 2-2 粤港澳大湾区主要海湾海岛

表 2-2 粤港澳大湾区主要海湾概况

主要海湾	地理位置	港口条件	生态资源	经济发展
大亚湾	广东省东部红海湾与大鹏湾之间	建设大型深水码头的优良港址	水产丰富,中国水产资源繁殖保护区	大亚湾核电站、惠州大亚湾(国家级)经济技术开发区
大鹏湾	大鹏半岛与香港之间	建港岸线长达27 km以上,适宜建设成为国际性商港的天然港湾	水产资源丰富,主要有黑鲷、石斑、鲍鱼、对虾、龙虾等,有南澳港、盐田港等较大渔港	旅游资源丰富,为粤港合作开发旅游资源的重要节点
深圳湾	香港新界西北部和深圳南山区西部对开海域	人工岸线为主,多为填海造地	红树林资源丰富,拥有华南地区重要湿地——深圳市福田国家级红树林自然保护区	珠三角发展中轴,地处港深都市圈的核心区域,城市化程度高

主要海湾	地理位置	港口条件	生态资源	经济发展
珠江口	深圳宝安区以西、澳门珠海以东的海域	岸线较长,水位条件好,适宜建设港口	河口水域营养盐丰富,盛产鱼、虾、贝、藻,为中国著名的渔场之一	沿岸为珠三角城市群,经济发展水平高
广海湾	广东省江门市南部半封闭海域	天然海湾,部分为填海造地	重点滩涂养殖区、经济鱼类繁育场保护区	广东台山广海湾工业园区
镇海湾	广东省江门市台山市西南部汶村镇与北陡镇之间海域	天然海湾	红树林资源丰富	旅游资源丰富

第四节 湿地资源

粤港澳大湾区湿地资源丰富,主要分为滨海湿地、河流湿地、湖泊湿地和水库湿地。其中,河流湿地主要有西江、北江、东江等;湖泊湿地主要有肇庆星湖、惠州西湖等;水库湿地主要有惠东白盆珠水库等;滨海湿地主要有珠江口中华白海豚自然保护区、惠州大亚湾自然保护区等(表2-3)。除此之外,红树林湿地因兼具陆地和海洋生态特征,生态系统内物质循环和能量运转速度快、效率高,为湾区极具特色且具有重要生态价值的湿地资源。湾区主要的红树林湿地保护区有深圳市福田国家级红树林自然保护区、珠海淇澳红树林保护区、广东惠东市级红树林自然保护区和香港米埔红树林自然保护区。

表2-3 粤港澳大湾区主要红树林自然保护区概况

自然保护区	地理位置	面积	动植物资源
深圳市福田国家级红树林自然保护区	深圳湾北岸,深圳河口	368 hm^2,其中天然红树林 70 hm^2	22 种红树植物,189 种鸟类,其中 23 种国家保护的珍稀濒危鸟类

自然保护区	地理位置	面积	动植物资源
珠海淇澳红树林保护区（省级）	珠海市淇澳岛西北部	5 103.77 hm^2，其中红树林面积 700 hm^2	15 种红树植物、9 种半红树植物、15 种红树林伴生植物。动物种类达数百种，其中包括中华白海豚等国家级保护动物 15 种。为中国三大候鸟迁徙路径之一，秋冬季栖息着数以万计的 90 多种迁飞的候鸟
广东惠东市级红树林自然保护区	广东省惠东县稔山、铁冲等镇的沿海	533.3 hm^2，其中红树林面积 136 hm^2	11 种红树植物，15 种湿地候鸟
香港米埔红树林自然保护区（列入拉姆萨尔国际重要湿地）	香港大榄基、石山和尖鼻咀一带	380 hm^2，其中红树林面积 300 hm^2	大面积天然红树林，鸟类 325 种

第五节　旅游资源

粤港澳大湾区具有"外圈山—中部江—内圈海"的地理格局特色，形成了以"三山三江三湾"为代表的绿色生态旅游带、黄金水道旅游带和蓝色滨海旅游带，旅游类型丰富多样、数量庞大（图2-3）。共拥有星级景点43个，其中5A级景区20个，4A级景区19个，3A级景区3个，2A级景区1个。拥有世界文化遗产2处，分别为澳门历史城区和开平碉楼与古村落。湾区各城市都具有独特的旅游资源，如广州、深圳、香港的都市游，澳门的历史文化及博彩游，珠海的海洋特色游，佛教繁盛的佛山寺庙古迹游，东莞、中山的红色旅游，江门的名人温泉旅游，惠州和肇庆的自然风光游等。

湾区基础篇 15

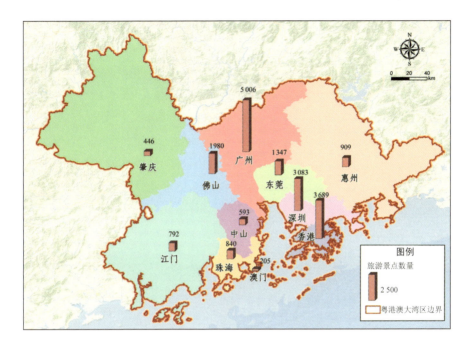

图 2-3　粤港澳大湾区旅游景点分布

第三章

粤港澳大湾区社会经济

第一节 人口规模

截至 2016 年,粤港澳大湾区拥有常住人口数量约 6 800 万人[①],约占全国人口的 4.5%,与国际三大湾区相比,约为东京湾区的 1.8 倍、旧金山湾区的 8.9 倍、纽约湾区的 3.4 倍;人口密度约为 1 214 人/km^2,远高于全国平均人口密度 144 人/km^2,低于东京湾区,高于纽约湾区,约为旧金山湾区的 3 倍(表 3-1)。粤港澳大湾区以仅占全国 0.058%的土地面积承载了全国约 4.5%的人口,人口聚集程度非常高。

表 3-1 2016 年粤港澳大湾区人口与国际湾区对比

指标	纽约湾区	东京湾区	旧金山湾区	粤港澳大湾区
面积/万 km^2	2.15	1.35	1.79	5.6
人口/万人	2 015	3 783	768	6 800
人口密度/(人/km^2)	937	2 802	429	1 214

---

① 该数据来源于《广东省统计年鉴》及香港调查局、澳门调查局官方数据中的常住人口统计数量。根据相关资料查阅,经对流动人口的初步统计,粤港澳大湾区流动人口约 3 200 万人,实际管理人口约 1 亿人。

湾区基础篇 17

根据2000—2016年的数据（图3-1和图3-2），粤港澳大湾区全域人口发展在规模和空间分布方面总体呈现出以广州、深圳、香港为中心向外辐射的趋势。深圳、惠州、澳门、广州和佛山人口增长率较高，年均增长率分别为3.59%、2.67%、2.61%、2.33%和2.26%；深圳、广州、佛山、东莞、惠州人口增长数量较多，分别为489.60万人、409.55万人、212.22万人、181.30万人和155.70万人。

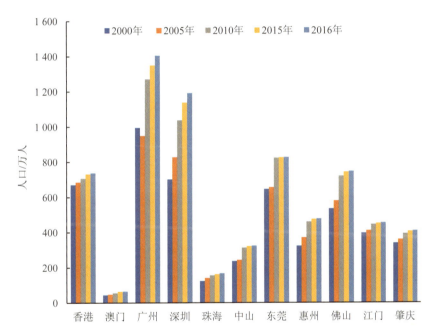

注：1. 香港人口的统计年份分别为2001年、2006年、2011年、2015年及2016年；
　　2. 人口统计数据来源于《广东省统计年鉴》及港澳统计部门网站。

图3-1　粤港澳大湾区2000—2016年常住人口数量

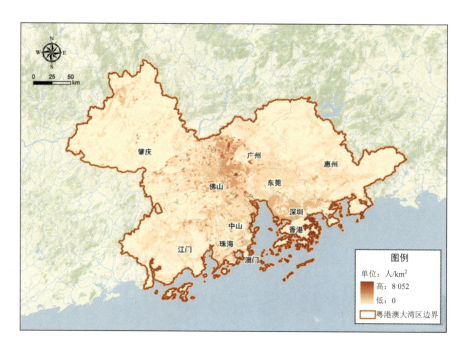

数据来源：中国科学院资源环境科学数据中心。

图 3-2　粤港澳大湾区人口空间分布（除香港、澳门）

第二节　经济发展

一、经济总量

粤港澳大湾区地处华南地区的腹地，是华南地区的经济中心，经过 30 年的发展，粤港澳大湾区从一个相对封闭的经济区域成为工业化水平很高的经济区。粤港澳大湾区经济发展呈现发展空间大、经济密度小、发展速度快等特征。目前，整个湾区经济以外向型经济为主，增长方式由外延式向内涵式转型。2016 年，粤港澳大湾区的 GDP 总值约为 9.30 万亿元，约合 1.48 万亿美元，占全国 GDP 的 12.6%，GDP 规模已可与纽约湾区、东京湾区、旧金山湾区等世界级湾区等量齐观（表 3-2）。多年来粤港澳大湾区经济呈持续增长态势（图 3-3），除 2008 年受全球金融危机影响外，2003 年以来 GDP 年均增速均保持在 6%以上。2016 年，GDP 增速分别是纽约湾区、东京湾区、旧金山湾区的 2.26 倍、2.19 倍和 2.93 倍。预计到 2030 年，东京湾区和纽约湾区的 GDP 分别达到 3.24 万亿美元和 2.18 万亿美元，届时粤港澳地区的经济规模将超过东京湾区和纽约湾区，达到 4.62 万亿美元。到 2030 年，粤港澳大湾区将成为世界先进的制造中心、创新中心以及金融、贸易和航运中心。

表 3-2　2016 年粤港澳大湾区 GDP 与国际湾区对比

指标	纽约湾区	东京湾区	旧金山湾区	粤港澳大湾区
GDP 总额/万亿美元	2.1	1.3	0.78	1.48
GDP 全国占比/%	10.8	24.9	4.2	12.6

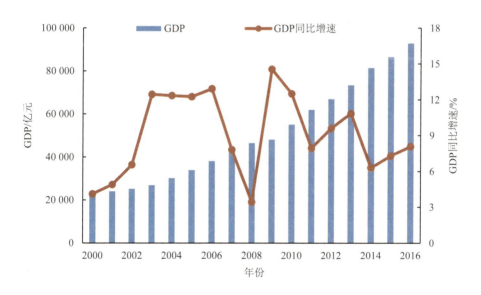

图 3-3　粤港澳大湾区 2000—2016 年经济总量及增长

从湾区各个城市来看（图3-4），2000—2016年粤港澳大湾区全域经济发展呈现以广州、深圳、香港为"领头羊"，带动周边城市发展的模式。从经济总量来看，香港、广州、深圳经济总量最大，为第一梯队；佛山、东莞次之，为第二梯队；其余各市为第三梯队。2016年深圳、东莞和珠海GDP同比增长分别为9%、8.81%和8.5%。从经济体量、增速及政治地位来看，广州、深圳、香港仍具较强的发展潜力及辐射带动作用。

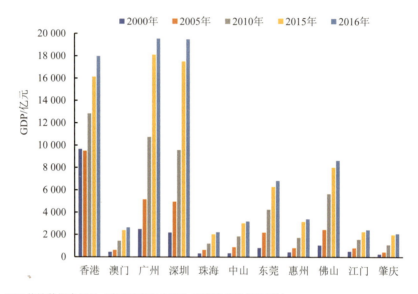

注：1. GDP统计数据来源于《广东省统计年鉴》及港澳统计部门网站；
　　2. 香港、澳门GDP数据由当年汇率换算为人民币。

图3-4　粤港澳大湾区各城市2000—2016年国民生产总值

二、产业结构

粤港澳大湾区的产业结构以先进制造业和现代服务业为主，大部分城市正处在工业经济向服务业经济转型阶段。内地9个城市形成深圳—东莞—惠州IT产业与高科技产业圈、广州—佛山—肇庆装备制造业与互联网经济产业圈、珠江—江门—中山传统制造业与文化旅游经济产业圈，产业体系比较完备，已形成先进制造业和现代服务业双轮驱动的产业体系。在港澳地区现代服务业占主导，金融、旅游、贸易、物流、法律、会计等行业发达。广州作为国际产业服务中心和全球性物流枢纽中心，也是岭南文化中心及华南重工中心，具有科研资源丰富、交通便利和完整的产业链优势；深圳在金融领域、科技创新、新兴产业、生态环境等方面具有超强竞争实力；香港是中国连通世界的"超级联系人"，也是世界第三大金融中心和全球物流中心，具有较强的金融服务、专业服务和人文交流优势。

三、对外交流

根据英国"全球化与世界城市研究小组"（GaWC）的统计数据，对约 100 个世界城市、约 300 家全球生产性服务业企业（共在全球设立超过 10 000 家分支机构）在广州、深圳、香港设立分支机构情况进行分析，观察这 3 座城市与全球 100 个世界城市的联系强度，结果显示：广州与北京、上海和香港等国内的中心城市联系最为紧密，同时与纽约、伦敦、巴黎、东京、新加坡等全球城市也有着高频联系；深圳在对外联系密切程度上与广州有差距；与香港相比，广州、深圳与世界城市的联系程度还远远落后，香港仍然在粤港澳大湾区对外联系网络中扮演重要角色。

第三节　交通运输

一、陆域交通

伴随着城市化进程的加快，粤港澳大湾区城市发展水平和基础设施不断完善，陆域交通运输网络体系已基本形成。广东 9 个市及港澳地区在公路运输方面通过珠三角环线高速、广深沿海高速、港珠澳大桥等主要线路连接起来；铁路运输主要通过广九铁路、广佛肇城际、广珠城际等干道连接（图 3-5），未来随着珠三角城际快速轨道交通网络及沪港高铁的建成，粤港澳大湾区将真正形成城际 1 小时交通圈，并将大大加强与华东地区的交流联系。

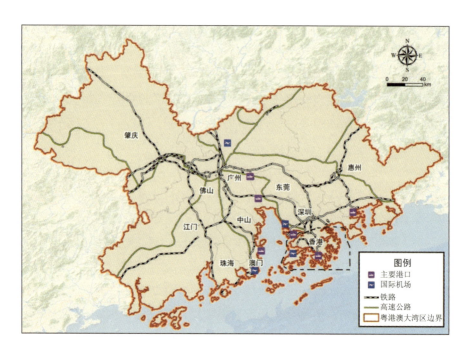

图 3-5　粤港澳大湾区交通图

二、航空运输

粤港澳大湾区拥有世界上最大的空港群，年航空客运量超过 1.7 亿人次（表 3-3），已超过纽约湾区三大机场吞吐量，主要包括广州白云国际机场、深圳宝安国际机场、香港国际机场、澳门国际机场和珠海金湾机场（图 3-5）。

表 3-3　粤港澳大湾区主要机场信息

机场	2016 年旅客吞吐量/万人次	通航点	定位
广州白云国际机场	5 973	共 260 个，其中国内 161 个，国外 99 个	世界级航空枢纽
深圳宝安国际机场	4 197	共 204 个，其中国内 148 个，国外 56 个	深中通道的重要节点，华南地区公务航空业务发展的重要基地

机场	2016年旅客吞吐量/万人次	通航点	定位
香港国际机场	7 050	共 220 个，其中超过 50 个位于中国内地	世界级航空枢纽
澳门国际机场	660	共 63 个，其中 25 个位于中国内地	提供世界级水平的机场服务和设施
珠海金湾机场	612	共 33 个，全部为国内	省骨干型机场

三、港口码头

粤港澳大湾区拥有世界最大的海港群（图 3-5），港口年吞吐量超过 6 793.44 万 TEU[①]（表 3-4），约是东京湾区的 8.5 倍、旧金山湾区的 29 倍、纽约湾区的 14 倍。其中，香港港、深圳港、广州港、珠海港和东莞港（原名虎门港，2016 年更名为东莞港）达到亿吨以上。深圳港自 2013 年起，连续三年集装箱吞吐量居世界第三位；2015 年广州港的货物吞吐量居世界第六位，集装箱吞吐量居世界第八位。2010 年以来，粤港澳大湾区港口集装箱吞吐量均呈持续增长趋势。其中，2011 年惠州港集装箱吞吐量增幅达 47%；2012 年，东莞港较上一年增幅达 150%；2014 年，惠州港、东莞港、珠海港增速均超过 30%（表 3-5）；2016 年深圳港及惠州港集装箱吞吐量略有下滑，但总体保持增长趋势。香港港口集装箱吞吐量自 2012 年以来持续下滑，2015 年世界排名已降至第五位。

表 3-4　粤港澳大湾区主要港口集装箱吞吐量　　　　单位：万 TEU

港口名称	2010 年	2011 年	2012 年	2013 年	2014 年	2015 年	2016 年
香港港	2 369.00	2 440.00	2 309.00	2 228.80	2 223.00	2 011.40	1 963.00
深圳港	2 250.96	2 257.08	2 294.13	2 327.85	2 403.73	2 420.45	2 397.93
广州港	1 270.26	1 442.11	1 474.36	1 550.45	1 662.62	1 762.49	1 886.00
珠海港	70.27	81.49	81.28	88.11	117.57	133.77	156.01
东莞港	49.99	58.04	145.36	198.03	289.23	336.45	364.00
惠州港	26.89	39.52	36.33	16.43	22.12	26.88	26.50

① TEU：标准集装箱。

表 3-5　2014 年粤港澳大湾区主要港口生产情况　　　　单位：万 t

港口名称	货物吞吐量	煤炭及制品	液体散货	金属矿石
香港港	29 770.0	—	—	—
深圳港	22 323.7	405.8	1 293.9	22.3
广州港	36 949.4	6 788.8	1 132.9	1 601.6
珠海港	10 703.1	3 175.2	1 088.7	972.4
东莞港	12 899.6	4 522.0	1 279.4	—
惠州港	6 485.6	723.7	3 493.6	—

生态资源篇

第四章

粤港澳大湾区遥感影像解译

第一节 数据来源

美国陆地资源卫星 Landsat 系列,自 1972 年发射 Landsat 1 以来,到目前为止共发射了 8 颗卫星(表 4-1),已为全球环境监测提供长达 45 年的遥感数据。经过多年发展,Landsat 系列卫星数据的波段逐渐增多、空间分辨率和定位精度不断提高,该系列卫星所提供的数据已成为全球应用最广泛的地球资源环境遥感数据,能够满足农、林、土、水、测绘、地质、环境监测、区域规划等专题分析、编制大比例尺专题图(1∶10 万或更大)和修测中小比例尺地图的需求。

表 4-1 Landsat 系列卫星情况

卫星参数	发射时间	卫星高度/km	覆盖周期/d	波段数	机载传感器	运行情况
Landsat 1	1972.07.23	920	18	4	MSS	1978 年退役
Landsat 2	1975.01.22	920	18	4	MSS	1976 年失灵,1982 年退役
Landsat 3	1978.03.05	920	18	4	MSS	1983 年退役
Landsat 4	1982.07.16	705	16	7	MSS、TM	2001 年 TM 传感器退役

卫星参数	发射时间	卫星高度/km	覆盖周期/d	波段数	机载传感器	运行情况
Landsat 5	1984.03.01	705	16	7	MSS、TM	2013 年 6 月退役
Landsat 6	1993.10.05	发射失败	16	8	ETM+	发射失败
Landsat 7	1999.04.15	705	16	8	ETM+	正常运行至今（有条带）
Landsat 8	2013.02.11	705	16	11	OLI、TIRS	正常运行至今

由于 Landsat 卫星数据量较多，加上研究区多云多雨的气候特点，所以基于以下原则筛选符合研究精度的数据：（1）每幅影像尽量时相统一；（2）海岸线是平均大潮的痕迹所形成的水陆分界线。另外，由于 MSS 传感器数据年代久远，无法找到时相完全统一、数据质量满足应用要求的影像。对于满足不了数据质量要求的区域，尽量选用相近年限的数据进行替代。基于上述原则和实际情况，共收集了 Landsat 卫星 1979 年、1989 年、1999 年、2009 年、2016 年共 5 期 40 景（每期 8 景）的影像数据（表 4-2），所用遥感影像均由美国地质调查局的地球资源观测与科学（USGS/EROS）中心下载获得。其他辅助数据包括粤港澳大湾区行政区划数据（由中国科学院资源环境科学数据中心提供）、DEM 数据（由地理空间数据云提供）、Google Earth 影像数据（分辨率为 0.28 m）。

表 4-2 遥感影像基本信息

序号	卫星	传感器	轨道号	日期	序号	卫星	传感器	轨道号	日期
1979 年	Landsat1	MSS	130/44	1977.09.30	1999 年	Landsat7	ETM+	122/45	1999.11.15
	Landsat1	MSS	130/45	1973.10.31		Landsat7	ETM+	123/43	1999.12.24
	Landsat3	MSS	131/43	1979.10.31		Landsat7	ETM+	123/44	1999.12.24
	Landsat3	MSS	131/44	1979.10.31		Landsat7	ETM+	123/45	1999.12.24

序号	卫星	传感器	轨道号	日期	序号	卫星	传感器	轨道号	日期
1979年	Landsat1	MSS	131/45	1973.12.25	2009年	Landsat5	TM	121/44	2009.10.10
	Landsat3	MSS	132/44	1979.10.20		Landsat5	TM	121/45	2008.12.10
	Landsat3	MSS	132/45	1979.10.20		Landsat5	TM	122/43	2009.12.04
1989年	Landsat5	TM	122/44	1984.11.22		Landsat5	TM	122/43	2009.11.02
	Landsat5	TM	121/44	1991.10.09		Landsat5	TM	122/44	2009.11.02
	Landsat5	TM	121/45	1989.11.20		Landsat5	TM	122/45	2009.12.04
	Landsat5	TM	122/43	1993.10.05		Landsat5	TM	123/43	2009.11.25
	Landsat5	TM	122/44	1990.10.13		Landsat5	TM	123/44	2009.11.25
	Landsat5	TM	122/45	1995.12.30	2016年	Landsat8	OLI	121/44	2016.09.27
	Landsat5	TM	123/43	1991.09.21		Landsat8	OLI	121/45	2016.08.26
	Landsat5	TM	123/44	1991.09.21		Landsat8	OLI	122/43	2016.12.07
	Landsat5	TM	123/45	1990.09.20		Landsat8	OLI	122/44	2016.12.07
1999年	Landsat7	ETM+	121/44	2000.09.14		Landsat8	OLI	122/45	2016.02.07
	Landsat7	ETM+	121/45	1999.12.24		Landsat8	OLI	123/43	2016.11.28
	Landsat7	ETM+	122/43	2001.11.20		Landsat8	OLI	123/44	2016.11.28
	Landsat7	ETM+	122/44	2000.09.14		Landsat8	OLI	123/45	2016.11.28

第二节 数据处理

为减少数据分析误差，提升数据处理精度，需对获取的遥感数据进行预处理，主要包括：几何纠正和空间配准、数据融合、正射校正、图像增强、真彩色合成。过程如下：利用星站差分GPS采集地面控制点，对全色数据采用多项式几何校正，完成多光谱数据与全色数据的空间配准（配准后误差控制在1个像元以内）；选择最优的方法进行融合变换得到15 m的多光谱数据，借助星站差分GPS所采集的地面控制点、研究区DEM数据和Landsat物理模型完成正射校正；对正射校正数据进行相关增强处理，对增强过的数据再作真彩色合成，详细步骤见图4-1。以上数据处理所有步骤全部是在遥感图像数据处理平台 ENVI 5.3 版本和地理信息系统的平台产品 ArcGIS 10.2 版本中完成。

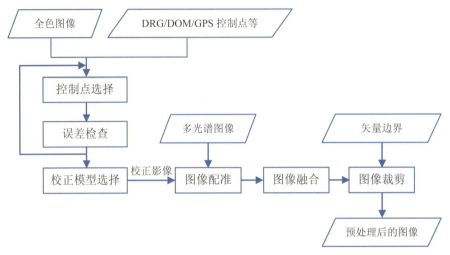

图 4-1　遥感图像预处理流程

第三节　解译方法

随机森林算法是由 LeoBreiman 和 AdeleCutler 于 2001 年提出的一种非参数分类方法，是一种基于分治法原理的集成学习策略，是若干决策树集成的分类器，相较于决策树其更加稳健，泛化性能更好。其核心思想是对输入样本在记录数据（行）和特征变量（列）的使用上随机化，通过随机选择向量生长成决策树，每棵树都会完全生长，不需要修剪，并且在生成决策树时，每个节点都是从随机选出的几个变量中最优分裂产生，生成所有决策树之后，用投票的方法对所有决策树的分类结果进行综合，得出最终结果。学习过程为：（1）随机从训练样本 N 中有放回地抽样 n 个作为决策树的输入样本；（2）从 M 个样本特征中随机选取 m 个特征，作为每一个节点的输入样本特征，其中 m 远小于 M；（3）以 m 个特征的最优分裂作为该节点的分裂规则；（4）每一棵决策树均最大限度地生长，不剪枝。

由于具有算法精度高、可以处理大数据集、可以给出变量的重要性估计、在模型建立过程中可以产生一个对一般误差的无偏估计、可以有效处理缺失数据的情况、产生的森林模型易于保存和未来重复利用、可以扩展到无类别数据中进行非监督分类等优点，该算法被广泛应用于大数据量的影像解译中。

第四节　解译标志

粤港澳大湾区生态资源分类体系主要参考《中国自然资源手册》的分类标准，考虑到粤港澳大湾区的生态资源实际情况和 Landsat 遥感影像的分类能力，将研究区生态资源划分为耕地、林地、草地、水域、建设用地、未利用地和基塘共 7 类（表 4-3）。在波段 7、5、3 标准假彩色合成的状态下，结合现有的历史资料及其他历史高清影像，目视判读影像的解译标志和建立训练样区，利用随机森林算法对 2016 年遥感影像进行监督分类，然后对监督分类的结果参照 Google Earth 影像数据进行目视解译和修改，其他影像数据分类结果通过参照 2016 年影像分类结果和 Google Earth 影像数据目视解译获得。以上所有的过程通过 ENVI 5.3、R 3.4.0 和 ArcGIS 10.2 软件完成。

表 4-3　粤港澳大湾区生态资源分类系统和判读标准

一级类	含义	目视判读准则
1 耕地	指种植农作物的土地，包括熟地、新开发、复垦、整理地、休闲地（含轮歇地、轮作地）；以种植农作物（含蔬菜）为主，间有零星果树、桑树或其他树木的土地，包括水田、水浇地、旱地	颜色均匀，大多为粉红色，斑块成片、纹理清晰且较为规则，间有白色（田埂）条纹，地势平坦，大多分布于山前平原
2 林地	指生长乔木、竹类、灌木的土地及城市中绿化用地	颜色绿色或淡绿色，斑块面积较大，大多分布在山区，地势起伏比较大
3 草地	指城市中人工种植的绿地和野外自然生长的草本植被	颜色淡绿色，斑块面积较小，地势起伏较小

一级类	含义	目视判读准则
4 水域	指陆地水域、滩涂、沟渠等	蓝色大面积或有宽度的线状斑块
5 建设用地	指主要用于人们生活居住的宅基地及其附属设施	淡粉色高密度连片的斑块
6 未利用地	指城镇、村庄内部尚未利用的土地，裸地，沙地	白色、淡粉色，不规则斑块
7 基塘	用于养殖的水面	蓝色，矩形或条带规则的水体

第五节　精度验证

以相应的地形图、土地利用图、植被类型图和 Google Earth 影像等作参考，利用 ArcGIS 软件中的随机取样器对分类结果进行取样，比较地表真实像元的属性与分类结果图中相应位置的类别，利用误差混淆矩阵评价影像的分类精度。对于质量检查达不到最低允许判别精度为 0.7 的结果，及时返回修改。本书一共选取 400 个随机点，经比对与计算，最终影像分类结果的总体平均精度达 0.87，表明分类结果可信度高。

第五章

粤港澳大湾区近 40 年生态资源时空变化特征

为系统地了解和掌握粤港澳大湾区生态资源的基本情况，利用 1979 年、1989 年、1999 年、2009 年和 2016 年 5 个时期的 Landsat 卫星影像数据，结合遥感和 GIS 等手段，利用转移矩阵的方法分析粤港澳大湾区 1979—2016 年生态资源的动态变化特征、景观格局特征和海岸线的变迁。结合自然、人口和经济等要素，探讨生态资源变化的驱动力，旨在深入地了解粤港澳大湾区生态资源的时空分布特征，准确地掌握粤港澳大湾区生态资源的发展趋势，并深层次地探讨粤港澳大湾区生态资源保护面临的问题。

第一节 生态资源面积变化特征

通过对 5 期遥感影像数据的解译与统计分析（图 5-1、表 5-1 和表 5-2），可以得出 1979—2016 年粤港澳大湾区生态资源的主要变化特征如下。

一、耕地面积大幅减少

耕地面积的大幅减少，是粤港澳大湾区生态资源变化的显著特征。1979—2016 年，耕地面积从 24 367.16 km² 减少到 4 625.37 km²，面积减少 19 741.79 km²，减幅达 81.02%，年平均减少 533.56 km²，年均变化率 -4%，动态度为 -2.19%。由于耕地大面积且持续地减少，耕地在整个粤港澳大湾区生态资源中的面积比重也在不断下降，从 1979 年的 43.62% 下降到 2016 年的 8.38%，下降幅度达 35.23%。耕地在 1979 年是粤港澳大湾区的优势资源类型，但是在 1989 年以后，随着面积的减小，优势地位逐渐下降。

表 5-1　1979—2016 年粤港澳大湾区各类生态资源的面积及所占比重

生态资源类型	1979 年 面积/km²	1979 年 比重/%	1989 年 面积/km²	1989 年 比重/%	1999 年 面积/km²	1999 年 比重/%	2009 年 面积/km²	2009 年 比重/%	2016 年 面积/km²	2016 年 比重/%
耕地	24 367.16	43.62	12 090.16	21.93	5 826.79	10.56	5 742.69	10.41	4 625.37	8.38
林地	20 922.69	37.45	36 210.27	65.68	36 591.44	66.32	35 193.12	63.78	35 616.77	64.54
草地	2 749.18	4.92	113.63	0.21	131.30	0.24	195.67	0.35	199.49	0.36
水域	2 882.69	5.16	1 963.25	3.56	2 039.14	3.70	1 878.52	3.40	1 885.89	3.42
建设用地	773.34	1.38	2 193.88	3.98	7 088.57	12.85	8 098.86	14.68	9 426.88	17.08
未利用地	2 211.28	3.96	313.45	0.57	283.87	0.51	306.79	0.56	389.80	0.71
基塘	1 962.04	3.51	2 242.59	4.07	3 213.75	5.82	3 759.30	6.81	3 044.56	5.52

表 5-2　1979—2016 年粤港澳大湾区各类生态资源的面积变化及动态度

生态资源类型	1979—1989 年 变化面积/km²	1979—1989 年 动态度/%	1989—1999 年 变化面积/km²	1989—1999 年 动态度/%	1999—2009 年 变化面积/km²	1999—2009 年 动态度/%	2009—2016 年 变化面积/km²	2009—2016 年 动态度/%	1979—2016 年 变化面积/km²	1979—2016 年 动态度/%	1979—2016 年 年均变化率/%
耕地	-12 277.00	-5.03	-6 263.37	-5.21	-84.1	-0.20	-1 117.32	-1.94	-19 741.79	-2.19	-4
林地	15 287.58	7.62	381.17	0.11	-1 398.32	-0.38	423.65	0.12	14 694.08	1.98	1
草地	-2 635.55	-9.59	17.67	1.55	64.37	4.90	3.82	0.18	-2 549.69	-2.51	-7
水域	-919.44	-2.98	75.89	0.36	-160.62	-0.74	7.37	0.04	-996.8	-0.89	-1
建设用地	1 420.54	18.48	4 894.69	22.29	1 010.29	1.43	1 328.02	1.64	8 653.54	30.27	7
未利用地	-1 897.83	-8.58	-29.58	-0.95	22.92	0.80	83.01	2.68	-1 821.48	-2.22	-5
基塘	280.55	1.41	971.16	-2.48	545.55	1.77	-714.74	-2.44	1 082.52	1.47	1

生态资源篇

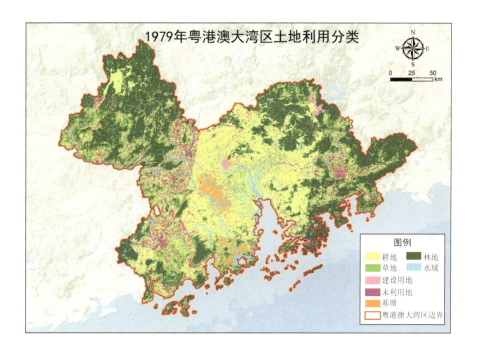

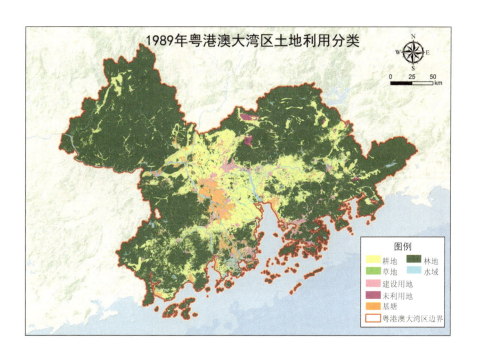

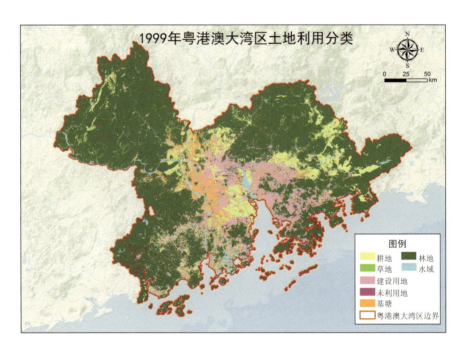

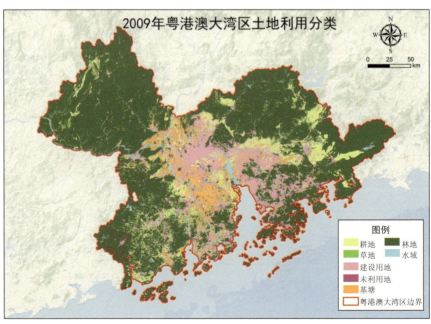

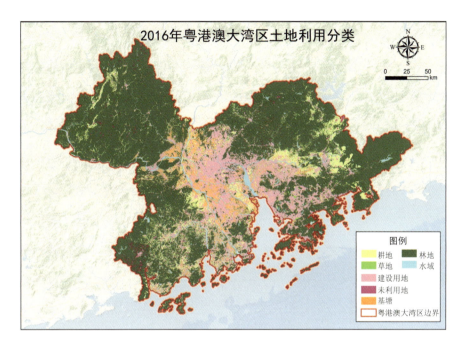

图 5-1　1979—2016 年粤港澳大湾区生态资源分布格局

二、林地面积呈增加趋势

除 1999—2009 年林地面积呈现减小的趋势，近 40 年粤港澳大湾区林地面积在整体上呈现增加趋势。1979—2016 年，林地面积从 20 922.69 km^2 增加到 35 616.77 km^2，共增加 14 694.08 km^2，增幅达 70.23%，动态度为 1.98%，年均变化率为 1%。其中，变化最显著的是在 1979—1989 年，林地面积增加 15 287.58 km^2。林地在整个粤港澳大湾区生态资源中的面积比重也在不断上升，从 1979 年的 37.45% 上升到 2016 年的 64.54%，上升的幅度达 27.09 个百分点。自 1989 年后林地一直是粤港澳大湾区的主要优势资源类型。

三、草地面积呈现减少趋势

1979—2016 年粤港澳大湾区草地面积从 2 749.18 km^2 减少到 199.49 km^2，共减少 2 549.69 km^2，减幅达到 92.74%，动态度为 -2.51%，年均变化率为 -7%。

1979—1989 年草地面积变化最为剧烈，所占比重从 1979 年的 4.92%下降到 1989 年的 0.21%，面积减少了 2 635.55 km^2，下降幅度为 95.87%，表明在这段时间人为活动增加，导致自然景观向半自然景观演替。

四、水域面积呈现减少趋势

1979—2016 年粤港澳大湾区水域面积从 2 882.69 km^2 减少到 1 885.89 km^2，共减少 996.80 km^2，减幅达到 34.58%，动态度为−0.89%，年均变化率为−1%。粤港澳大湾区水域面积在 1989—1999 年和 2009—2016 年呈现增加趋势，而其他时期呈现减少趋势，表明水域受人为干扰比较严重，围海造地、围海养殖的活动增多。

五、建设用地显著增加

建设用地显著增加是粤港澳大湾区生态资源变化的显著特点。1979—2016 年粤港澳大湾区建设用地面积从 773.34 km^2 骤增到 9 426.88 km^2，共增加 8 653.54 km^2，年平均增加面积为 233.88 km^2，动态度为 30.27%，年均变化率为 7%。由于建设用地面积增加且持续增加，建设用地在整个粤港澳大湾区生态资源类型中的比重也在不断增加，从 1979 年的 1.38%增加到 2016 年的 17.08%，增幅达 15.70 个百分点。其中 1979—1989 年，变化最为剧烈，这一时期也正是粤港澳大湾区改革开放以后迅速发展的时期。

六、未利用地面积呈现减少的趋势

1979—2016 年粤港澳大湾区未利用地面积从 2 211.28 km^2 减少到 389.80 km^2，共减少 1 821.48 km^2，减幅达 82.37%，年平均减少面积为 49.23 km^2，年均变化率为−5%，动态度为−2.22%。从未利用地占粤港澳大湾区的生态资源比重上看，未利用地面积比重从 1979 年的 3.96%下降到 1989 年的 0.57%，降幅达 3.39 个百分点，其他时间段变化不大，表明随着人为活动的增加，未利用地大幅变成人为景观。

七、基塘面积呈现增加的趋势

1979—2016 年粤港澳大湾区基塘面积从 1 962.04 km^2 增加到 3 044.56 km^2，共增加 1 082.52 km^2，增幅达 55.17%，年平均增加 29.26 km^2，年均变化率为 1%，

动态度为 1.47%。从动态度上看,每个时期变化幅度和速率都很大,时而增加、时而减小,可能是因为基塘与耕地相比通常单位面积的经济价值较高,但是这种经济价值也是由当时市场和耕作方式所决定的。

第二节　生态资源时空转移特征

转移矩阵来源于系统分析中对系统状态与状态转移的定量描述,它可全面而又具体地分析区域生态资源变化的数量结构特征与各用地类型变化的方向。利用 ArcGIS 10.2 对 5 期解译后的影像数据(图 5-1)进行空间叠加分析,获取了粤港澳大湾区 1979—2016 年各类生态资源的转移情况,并利用单一资源动态度和综合生态资源利用动态度描述生态资源的变化速度(表 5-3)。

表 5-3　描述生态资源变化速度的指标信息

名　称	公式	参数
单一生态资源动态度	$K = \dfrac{U_2 - U_1}{U_1} \times \dfrac{1}{t_2 - t_1} \times 100\%$	K 为单一生态资源利用动态度;t_2-t_1 为时间间隔;U_1 为区域内某一生态资源类型的初始面积;U_2 为该生态资源类型的监测期面积;U_2-U_1 为研究时段内该类生态资源面积的变化
综合生态资源利用动态度	$LC = \dfrac{\sum_{i=1}^{n} \Delta LA_{(ij)}}{\sum_{i=1}^{n} LA_{(i \cdot t_1)}} \times \dfrac{1}{t_2 - t_1} \times 100\%$	LC 表示在 t_2-t_1 时期内的综合生态资源利用动态度;$\Delta LA_{(ij)}$ 表示在 t_2-t_1 时间段内第 i 类生态资源为非 i 类生态资源的绝对值;$LA_{(i \cdot t_1)}$ 为区域内第 i 类生态资源在监测初始阶段 t_1 时期的面积;t_2-t_1 表示研究时段的长度

通过转移矩阵来分析粤港澳大湾区生态资源转化的总体情况(表 5-4),粤港澳大湾区生态资源的总体转移特征为耕地大量转变为其他用地,各类用地大量转变为建设用地。

表 5-4　1979—2016 年粤港澳大湾区生态资源转移矩阵分析结果

1979 年 \ 2016 年	耕地	林地	草地	水域	建设用地	未利用地	基塘
耕地	3 244.20	12 705.49	154.49	282.66	6 147.76	195.99	1 662.29
林地	449.50	19 517.49	15.19	110.58	551.46	134.40	127.06
草地	258.02	2 095.12	3.74	28.49	277.24	16.24	68.15
水域	103.57	392.06	9.72	1 267.62	602.18	13.23	437.01
建设用地	85.36	127.70	1.47	29.95	436.99	3.15	88.29
未利用地	350.95	1 139.93	7.76	75.01	464.06	20.65	151.08
基塘	157.01	246.81	6.85	96.43	950.78	7.84	493.67

（1）耕地持续转变为其他用地类型

耕地持续减少而转变为其他用地类型是粤港澳大湾区生态资源变化的一个重要特征。1979—2016 年，耕地的流出量为 21 148.68 km^2，其中转化为建设用地的面积为 6 147.76 km^2，占耕地总流出量的 29.07%；转化为林地的面积为 12 705.49 km^2，占耕地总流出量的 60.08%，两者总和占耕地总流出量的 89.15%；转化为基塘、水域、未利用地和草地的面积分别为 1 662.29 km^2、282.66 km^2、195.99 km^2 和 154.49 km^2。

（2）建设用地的增加以耕地流入为主

建设用地面积快速增加是粤港澳大湾区城市化进程加速的重要体现。1979—2016 年粤港澳大湾区建设用地面积的流入量为 8 993.48 km^2，其中耕地转化为建设用地的面积占总流入量的 68.36%。

（3）基塘增加也以耕地流入为主

基塘也是粤港澳大湾区重要的农业利用方式，1979—2016 年，基塘面积流入量为 2 533.88 km^2，其中耕地转化为基塘的面积占 65.60%。

（4）林地和耕地相互转移

林地和耕地间转移趋势明显，耕地既是林地转入的主要来源，也是林地流出的主要方向，1979—2016 年共有 12 705.49 km^2 的耕地退耕还林，而有 499.5 km^2 的林地被开垦为耕地，占林地总流出量的 32.38%。

（5）草地的增加以耕地流入为主

草地的变化也主要受耕地的影响，有 154.49 km² 的耕地转化为草地，占草地总流入量的 79.03%。

利用生态资源转移矩阵分析 11 个城市生态资源转移特征，1979—2016 年粤港澳大湾区生态资源类型的变化存在明显的区域差异（表 5-5 和表 5-6）。

表 5-5　1979—2016 年粤港澳大湾区 11 个城市主要生态资源类型面积变化　　　单位：km²

城市	耕地	林地	草地	水域	建设用地	未利用地	基塘
澳门	−0.48	1.57	−1.71	−8.09	9.35	−0.32	−0.33
东莞	−1 529.93	370.29	7.96	−115.50	1 168.25	−10.71	109.64
佛山	−1 807.07	725.01	−117.46	−179.00	1 399.08	−253.21	232.65
广州	−4 033.44	2 515.46	0.37	−155.44	1 566.09	−38.31	145.25
惠州	−2 162.10	2 148.36	−370.70	−16.33	546.12	−248.04	102.68
江门	−3 232.06	3 438.80	−942.94	−28.64	1 282.19	−602.42	85.06
深圳	−984.26	166.95	−9.63	−28.46	843.58	−18.19	30.01
香港	−240.88	215.13	−6.69	−53.73	119.21	−16.42	−16.63
肇庆	−4 556.43	5 188.02	−953.83	−161.88	243.50	81.86	−262.50
中山	−930.62	310.39	−2.94	−92.94	642.65	1.55	71.90
珠海	−266.99	238.92	−150.22	−94.65	429.78	−19.41	−137.42

表 5-6　1979—2016 年粤港澳大湾区 11 个城市生态资源利用动态度　　　单位：%

城市	耕地	林地	草地	水域	建设用地	未利用地	基塘
澳门	−0.62	0.81	−2.17	−2.16	6.98	−2.21	−1.91
东莞	−1.57	0.91	−2.65	−0.17	7.65	−2.07	4.33
佛山	−1.76	2.06	−2.61	−1.19	72.99	−1.38	−1.28
广州	−1.92	4.21	−2.67	−0.17	75.50	−2.24	0.67
惠州	−2.33	1.70	−2.70	−1.04	1.56	16.38	−1.00
江门	−2.35	7.58	−2.47	−1.26	31.27	−2.67	1.08
中山	−2.41	6.83	−0.33	−1.31	31.47	0.56	0.72
香港	−2.45	3.62	8.98	−1.11	43.83	−1.84	2.57
肇庆	−2.50	3.81	0.01	−0.90	23.37	−1.28	1.67
深圳	−2.60	0.66	−0.76	−0.96	180.34	−1.54	2.76
珠海	−2.68	0.95	−1.25	−2.22	5.44	−2.17	−0.04

(1) 耕地面积普遍大幅下降，且中心城市耕地侵占最快

从耕地面积变化来看，粤港澳大湾区 11 个城市耕地面积都呈现减少的趋势，其中肇庆减少量最大（4 556.43 km^2），其次是广州（4 033.44 km^2）、江门（3 232.06 km^2）、惠州（2 162.10 km^2）、佛山（1 807.07 km^2）、东莞（1 529.93 km^2）、深圳（984.26 km^2）、中山（930.62 km^2）、珠海（266.99 km^2）、香港（240.88 km^2）和澳门（0.48 km^2）。从动态度来看，珠海、深圳和肇庆的耕地减少速度最为明显，动态度分别为−2.68%、−2.60%、−2.50%，而澳门的耕地动态度减少最小，只有−0.62%，这也表明了珠海、深圳和肇庆的城市开发幅度较大，对耕地的侵占幅度最大。

(2) 西部地区林地增幅较大，且江门增加速度最快

粤港澳大湾区 11 个城市林地面积都呈增加的趋势，其中面积增加量由大到小依次为：肇庆（5 188.02 km^2）＞江门（3 438.80 km^2）＞广州（2 515.46 km^2）＞惠州（2 148.36 km^2）＞佛山（725.01 km^2）＞东莞（370.29 km^2）＞中山（310.39 km^2）＞珠海（238.92 km^2）＞香港（215.13 km^2）＞深圳（166.95 km^2）＞澳门（1.57 km^2）。从动态度来看，江门的动态度（7.58%）最大，深圳的动态度（0.66%）最小。

(3) 建设用地普遍大幅增加，且深圳增加最快

11 个城市建设用地的面积都呈增加的趋势，广州、佛山、江门和东莞建设用地面积增加最为明显，分别为 1 566.09 km^2、1 399.08 km^2、1 282.19 km^2、1 168.25 km^2，而澳门建设用地增加最少，为 9.35 km^2。从动态度上看，深圳市最大，为 180.34%，广州（75.50%）、佛山（72.99%）、香港（43.83%）动态度也较大，动态度最小的为惠州（1.56%）。

(4) 沿海城市基塘变化较为剧烈

从基塘转化面积看，佛山、广州、东莞、惠州、江门、中山和深圳呈现增加的趋势，分别为 232.65 km^2、145.25 km^2、109.64 km^2、102.68 km^2、85.06 km^2、71.09 km^2、30.01 km^2，而肇庆、珠海、香港和澳门呈现减少趋势，分别为−262.50 km^2、−137.42 km^2、−16.63 km^2、−0.33 km^2。从动态度来看，东莞最大，为 4.33%；珠海最小，为−0.04%。

从对 11 个城市综合生态资源利用动态度（图 5-2）的分析来看，中山市的综合生态资源利用动态度最大，达到 2.16%，表明中山市生态资源利用变化的总体

趋势和幅度表现比较剧烈；其次是东莞和佛山，综合生态资源利用动态度均大于 2%；珠海、深圳、广州、江门、澳门、肇庆、香港、惠州综合生态资源利用动态度较低，均小于 2%，其中最低的是惠州，仅为 1.02%，反映了其生态资源变化的总体趋势和幅度最为缓和。

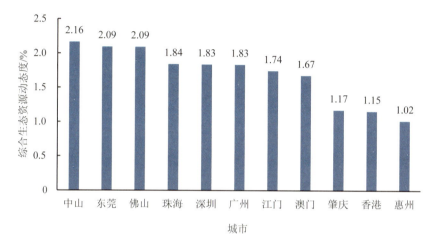

图 5-2　1979—2016 年粤港澳大湾区 11 个城市综合生态资源利用动态度

第六章
粤港澳大湾区景观格局时空变化特征

随着城市化的推进，城市景观呈现出高度破碎化的显著特征，原本单一、均值、整体、连续的自然景观成为趋向于复杂、异质和不连续的混合斑块镶嵌体，随着城市建设规模的不断扩大，景观格局还将受到日益增强的干扰。在众多景观格局分析方法中，景观指数能够高度浓缩景观格局信息，定量地反映景观结构组成和空间配置等方面的特征，因此其应用最为广泛。本书利用 1979—2016 年 5 期生态资源分布数据，结合文献资料，选取类型水平和景观水平两个尺度的景观指数分析粤港澳大湾区景观格局特征，以期深入了解生态资源动态变化特征。景观格局指数的计算与获取均在 FRAGSTATS 4.2 软件中完成。

第一节　类型尺度景观格局变化特征

类型水平景观指数反映的是景观的个体单元特征，景观的破碎化程度以及人为活动对其的影响。选取斑块密度（PD）、最大斑块指数（LPI）、边缘密度（ED）、景观形状指数（LSI）4 项指标（表 6-1），分析 2016 年粤港澳大湾区 11 个城市生态资源破碎化程度的现状情况（表 6-2 至表 6-4），以及 1979—2016 年的变化趋势（图 6-1）。

表 6-1　类型水平景观指数描述

指标名称	单位	取值范围	生态意义
斑块密度 PD	个/100 hm^2	PD>0	指征景观破碎程度,值越大破碎化程度越大
边缘密度 ED	m/hm^2	ED≥0	反映景观的破碎化程度
最大斑块指数 LPI	%	0<LPI≤100	描述景观优势种特征
周长-面积分形维数 PAFRAC		1≤PAFRAC≤2	反映类型斑块的形状复杂程度,它在一定程度上也反映了人类活动对景观格局的影响,值越小,受人类活动影响越强烈

表 6-2　2016 年粤港澳大湾区 11 个城市的斑块密度　　单位:个/100 hm^2

类型	斑块密度 PD										
	澳门	东莞	佛山	广州	惠州	江门	深圳	香港	珠海	肇庆	中山	粤港澳大湾区
耕地	1.08	0.51	0.24	0.10	0.25	0.61	0.23	0.01	0.74	0.25	0.50	0.31
林地	0.58	0.38	0.13	0.12	0.14	0.28	0.33	0.27	0.44	0.08	0.39	0.17
草地	0.29	0.04	0.02	0.10	0.01	0.05	0.07	0.04	0.09	0.00	0.20	0.04
水域	1.58	0.15	0.05	0.05	0.05	0.19	0.12	0.08	0.32	0.02	0.14	0.08
建设用地	1.37	0.21	0.14	0.16	0.17	0.57	0.23	0.38	0.81	0.19	0.40	0.27
未利用地	0.12	0.01	0.01	0.04	0.06	0.15	0.05	0.04	0.19	0.05	0.04	0.07
基塘	0.08	0.52	0.25	0.11	0.10	0.25	0.40	0.03	0.44	0.08	0.43	0.17

表6-3　2016年粤港澳大湾区11个城市的边缘密度　　　　　　　单位：m/hm²

类型	边缘密度 ED										
	澳门	东莞	佛山	广州	惠州	江门	深圳	香港	珠海	肇庆	中山	粤港澳大湾区
耕地	16.44	13.53	9.69	4.69	14.74	25.44	5.40	0.31	21.96	7.46	13.12	12.41
林地	26.25	18.25	8.74	14.67	15.35	30.16	24.13	18.17	23.61	12.29	17.42	17.24
草地	7.13	0.72	0.57	2.95	0.13	0.56	1.61	1.22	1.29	0.03	3.34	0.80
水域	15.54	8.11	4.97	3.76	2.66	7.20	4.35	1.51	13.92	1.35	8.21	4.13
建设用地	41.67	31.97	20.68	14.80	7.44	25.37	21.54	15.84	44.12	5.72	33.37	15.39
未利用地	1.30	0.32	0.18	1.07	1.31	3.49	1.45	0.70	4.15	1.02	1.05	1.50
基塘	1.85	20.89	20.29	5.80	2.57	7.84	8.56	1.11	17.24	3.04	22.14	7.23

表6-4　2016年粤港澳大湾区11个城市的最大斑块指数　　　　　单位：%

类型	最大斑块指数 LPI										
	澳门	东莞	佛山	广州	惠州	江门	深圳	香港	珠海	肇庆	中山	粤港澳大湾区
耕地	1.41	0.35	0.13	0.22	2.30	1.94	0.14	0.07	0.18	0.37	0.23	0.47
林地	18.65	7.52	18.10	51.77	38.08	42.20	22.24	49.16	6.06	71.95	13.27	19.74
草地	1.32	0.12	0.02	0.04	0.01	0.00	0.26	0.39	0.06	0.01	0.15	0.01
水域	4.77	1.71	1.17	1.42	0.33	0.45	0.41	0.58	0.86	0.86	1.44	0.24
建设用地	23.95	43.99	31.38	16.86	0.91	2.27	40.82	3.80	6.70	0.57	24.80	8.68
未利用地	0.15	0.06	0.01	0.02	0.11	0.06	0.13	0.08	0.07	0.02	0.12	0.02
基塘	0.35	0.75	2.61	0.46	0.22	0.27	0.11	0.77	0.60	0.67	3.24	0.26

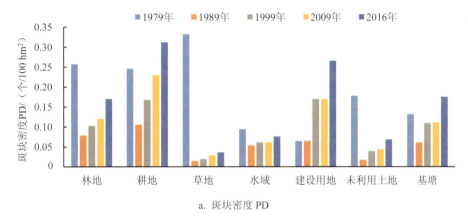

a. 斑块密度 PD

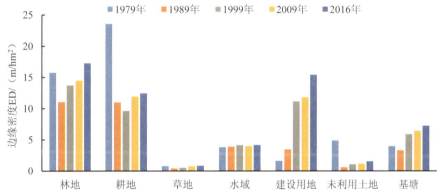

b. 边缘密度 ED

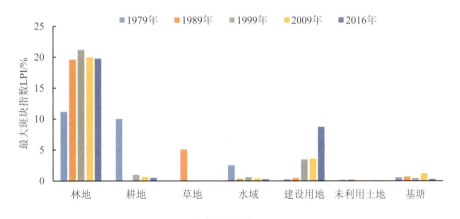

c. 最大斑块指数 LPI

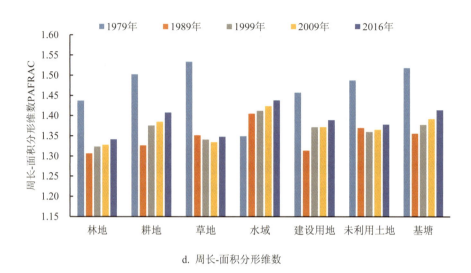

d. 周长-面积分形维数

图 6-1　1979—2016 年粤港澳大湾区景观类型水平景观指数变化

根据对 2016 年粤港澳大湾区各类型水平景观指数的统计结果，可以看到，斑块密度（PD）、边缘密度（ED）较大的均为耕地、林地和建设用地，表明这三类生态资源的破碎化程度较大，其中澳门、珠海和江门破碎化程度显著高于其他地区，且破碎化程度由粤港澳大湾区沿海到内陆逐渐降低；林地的最大斑块指数（LPI）最大，表明林地为粤港澳大湾区的优势资源，且肇庆、广州、香港、江门的优势地位尤为突出。粤港澳大湾区近 40 年景观破碎化的变化趋势为：

（1）林地、耕地、未利用土地和基塘破碎化程度呈"V"形变化

林地、耕地、未利用地和基塘的斑块密度（PD）、边缘密度（ED）、周长-面积分形维数（PAFRAC）在 1979—1989 年呈现下降趋势，并在 1989 年达到了最低值，而后呈现增加趋势，说明林地、耕地、未利用土地和基塘在研究初期呈现自然状态，破碎化程度较大；而后破碎化的斑块连接成片，各项破碎化指数降低；之后随着人为景观的增加，大面积、连接着的斑块被破坏，破碎化程度增加。

（2）草地的破碎化严重，受重视程度不高

草地斑块密度（PD）、边缘密度（ED）、周长-面积分形维数（PAFRAC）在 1979 年达到最高值，其他时间数值较小且保持比较平稳，说明草地一直以来在粤

港澳大湾区所占的资源比重不大，并且破坏严重，受重视程度不高。

（3）水域破碎化程度较平稳

水域斑块密度（PD）、边缘密度（ED）、周长-面积分形维数（PAFRAC）在1979—2016年保持比较平稳，说明粤港澳大湾区对水域的干扰保持相对平稳的状态。

（4）建设用地破碎化程度呈现增加的趋势

建设用地斑块密度（PD）、边缘密度（ED）在1979—2016年呈现增加的趋势，说明粤港澳大湾区的人为景观逐渐增加，且呈现破碎化程度增加的趋势。

（5）林地一直为优势资源，建设用地优势地位呈现增加趋势

林地的最大斑块指数（LPI）呈现增加的趋势，表明林地一直是粤港澳大湾区的优势资源类型。建设用地的最大斑块指数（LPI）也呈现增加的趋势，其中1979—2016年LPI增加40.9倍，粤港澳大湾区城市规模向四周扩张，城市化进程加速。耕地的面积逐渐减小，LPI呈下降趋势，说明景观中大斑块的优势地位在下降，逐渐被小斑块景观所取代。

第二节　景观尺度景观格局变化特征

景观水平指数反映的是景观组分空间构型和整体的多样性特征，选取平均形状指数（SHAPE_MN）、面积加权平均斑块分维数（FRAC_AM）、香农多样性指数（SHDI）、面积加权平均斑块面积（AREA_MN）、平均周长面积比（PARA_MN）和聚集度指数（CONTAG）六项指标（表6-5）具体分析景观的整体构成特征。

表6-5　景观水平景观指数描述

指标名称	取值范围	生态意义
平均形状指数 SHAPE_MN		描述景观形状指数，值越大，形状变得越复杂，越不规则
面积加权平均斑块分维数 FRAC_AM	1≤FRAC_AM≤2	描述景观斑块形状的复杂程度

指标名称	取值范围	生态意义
香农多样性指数 SHDI	SHDI≥0	反映景观组分数量和比例变化情况，由多个组分构成的景观中，当各组分比例相等时，多样性指数最高
面积加权平均斑块面积 AREA_MN		指征景观的破碎程度，景观级别上一个具有较小值的景观比一个具有较大值的景观更破碎，同样在斑块级别上，一个具有较小值的斑块类型比一个具有较大值的斑块类型更破碎
平均周长面积比 PARA_MN		反映景观格局总体特征的重要指标，它在一定程度上也反映了人类活动对景观格局的影响，值越小，受人类活动的影响越强烈
聚集度指数 CONTAG	0＜CONTAG≤100	描述景观中不同斑块类型的团聚程度或延展趋势，一般高值说明景观中某种优势斑块类型形成良好的连接性，反之则说明景观具有多样要素的密集格局，景观的破碎化程度较高

根据各指标计算结果（图 6-2），整体上，由于后期人为干扰程度的减少以及建设用地的连片开发，粤港澳大湾区整体景观复杂度变化趋于平稳。平均形状指数（SHAPE_MN）在 1979—1989 年呈增加趋势，后期保持相对平稳，表明从 1989 年以后干扰程度增加；面积加权平均斑块分维数（FRAC_AM）变化不大；香农多样性指数（SHDI）在 1989 年达到最小值，后期保持略有上升，表明景观整体组分面积比例差别在缩小；面积加权平均斑块面积（AREA_MN）和平均周长面积比（PARA_MN）在 1989 年达到了峰值，表明 1979—1989 年人为干扰程度较小，而 1989—2016 年数值减小，说明人为干扰强度增加；聚集度指数（CONTAG）略微升高，说明随着建设用地增加且基本连成一片，导致数值升高。

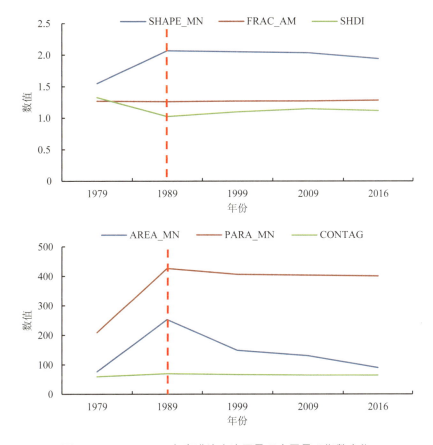

图 6-2　1979—2016 年粤港澳大湾区景观水平景观指数变化

第七章

粤港澳大湾区海岸线变迁及开发利用

海岸线是指海面与陆地接触的分界线,包含丰富的动植物资源。随着人为活动增加和干扰的加剧,近40年来粤港澳大湾区海岸线变化十分剧烈。通过5期遥感影像数据,目视解译获得粤港澳大湾区1979年、1989年、1999年、2009年和2016年5个年代的海岸线(图7-1),对近40年来粤港澳大湾区海岸线时空变化进行分析,以期为保护海岸资源和解决海岸环境问题提供参考。

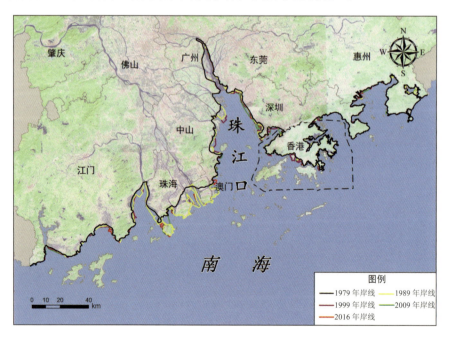

图 7-1 1979—2016 年粤港澳大湾区海岸线

第一节　海岸线时空变化特征分析

由于海洋开发利用程度的大幅增加，粤港澳大湾区近 40 年海岸线发生了较大的变化，总体上，海岸线结构趋于复杂，岸线长度也大幅增加。海岸线从 1979 年的 1 317.63 km 增加到 1 547.26 km，共增加 229.63 km，其中 1979—1989 年海岸线长度增加幅度最大，共增加 274.88 km，主要集中在中山、珠海、江门等城市。从空间上来看，珠江口西岸海岸线各段在规模和空间位置上均有更为显著的变化，特别是黄茅海—横琴岛段和内伶仃岛—虎门段，而珠江口东岸除深圳湾段外变化则相对较小（图 7-2）。

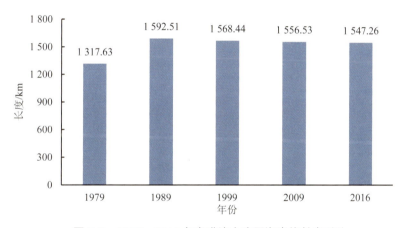

图 7-2　1979—2016 年粤港澳大湾区海岸线长度对比

根据对填海增加的生态资源的统计（图 7-3 和表 7-1），从粤港澳大湾区岸线开发利用速度上看，表现为"先剧烈后轻缓"；从利用特征上看，表现为"围堤养殖—城镇建设—港口码头"。1979—2016 年，海岸开发共计增加土地面积 942.16 km^2，以基塘、建设用地、水域和林地为主。其中，1979—1989 年，海岸线区域内土地面积增加幅度最大，共增加 631.6 km^2；1989—2016 年，建设用地面积增加最大，为 140.37 km^2，主要用途类型以城镇和码头建设为主，说明该区域海岸开发的方式逐渐向更深层次开发，也可以反映该区域作为南海区海上交通枢纽的地位逐年凸显。

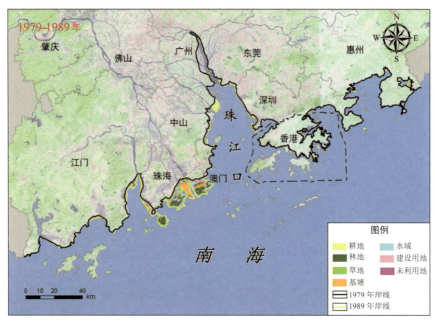
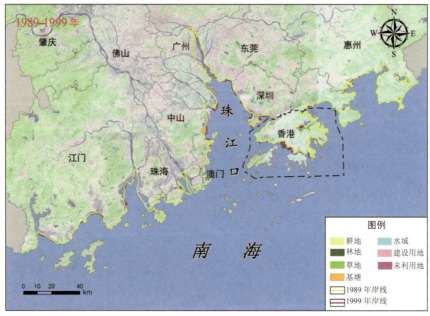

生态资源篇 55

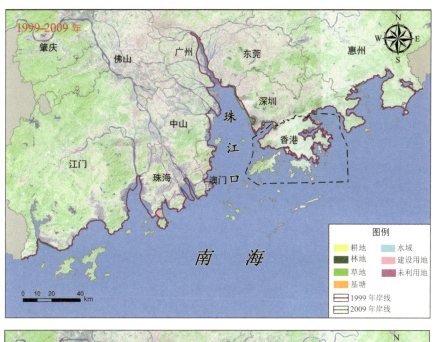

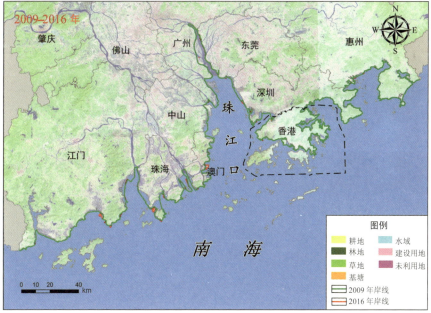

图 7-3　粤港澳大湾区海岸线生态资源类型面积变化

表 7-1　1979—2016 年粤港澳大湾区海岸线生态资源类型面积　　　　单位：km^2

生态资源类型	1979—1989 年	1989—1999 年	1999—2009 年	2009—2016 年	1979—2016 年
耕地	73.29	7.85	2.82	0.94	84.9
林地	145.35	13.53	2.72	0.62	162.22
草地	3.72	2.48	1.21	0.52	7.93
水域	142.85	19.63	7.98	17.06	187.52
建设用地	63.16	50.87	71.89	17.61	203.53
未利用地	15.51	9.96	4.36	2.91	32.74
基塘	187.72	49.57	20.63	5.40	263.32
总面积	631.6	153.89	111.61	45.06	942.16

第二节　典型岸段开发利用情况分析

一、黄茅海—横琴岛段

黄茅海—横琴岛段是粤港澳大湾区海岸线变化最为显著的岸段，该岸段海岸线长度从 1979 年的 123.81 km 增加到 2016 年的 236.60 km，共增加 112.79 km（图 7-4 和图 7-5）。

该段海岸线开发方式也同步发生较大变化，主要利用方式早期以围垦和养殖为主，后期以围海造地为主。近 40 年填海增加的生态资源面积高达 377.97 km^2，增加最多的为基塘，面积达 125.61 km^2，最小的为草地，面积为 1.36 km^2（表 7-2）。其中 1979—1989 年增加的面积最大，共计 319.08 km^2，其中以基塘、水域、林地为主，主要用途类型为围垦和养殖（表 7-2），1989—2016 年建设用地面积增加最大，共增加 28.87 km^2，占总增加面积的 49%，主要以城镇和港口码头建设为主。

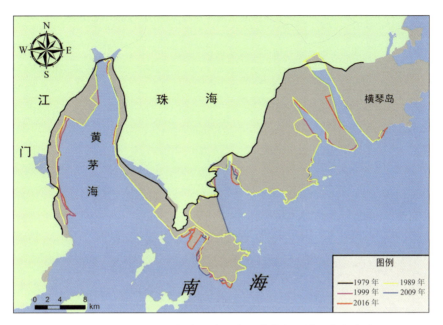

图 7-4　1979—2016 年粤港澳大湾区黄茅海—横琴岛海岸线

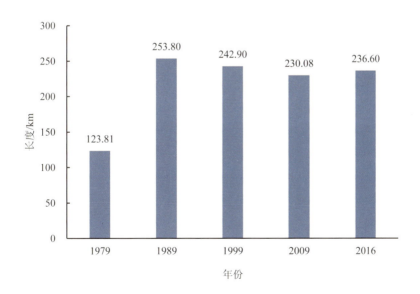

图 7-5　1979—2016 年粤港澳大湾区黄茅海—横琴岛海岸线长度变化

表 7-2 1979—2016 年黄茅海—横琴岛海岸线间岸线开发地类面积　　单位：km²

生态资源类型	1979—1989 年	1989—1999 年	1999—2009 年	2009—2016 年	1979—2016 年
耕地	22.87	0.10	2.11		25.08
林地	83.85	0.04	0.08	0.20	84.17
草地	1.29		0.04	0.03	1.36
水域	72.41	3.29	0.57	8.49	84.76
建设用地	17.09	1.19	24.25	3.43	45.96
未利用地	6.61	2.48	1.85	0.06	11
基塘	114.95	7.58	0.95	2.13	125.61
总面积	319.08	14.69	29.86	14.34	377.97

二、内伶仃岛—虎门段

内伶仃岛—虎门段海岸线长度从 1979 年的 70.55 km 增加到 2016 年的 100.71 km，共增加 30.16 km（图 7-6 和图 7-7）。

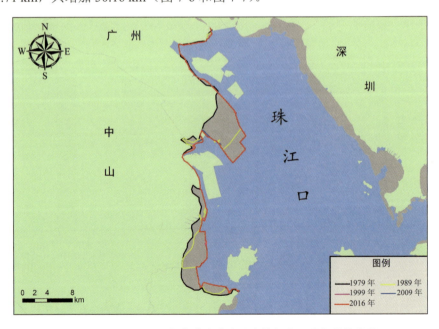

图 7-6　1979—2016 年粤港澳大湾区内伶仃岛—虎门段海岸线

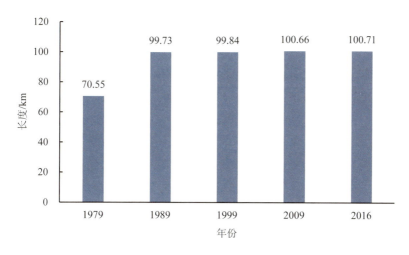

图 7-7　1979—2016 年粤港澳大湾区内伶仃岛—虎门段海岸线长度变化

近 40 年内伶仃岛—虎门段岸线开发主要用途类型以围垦和养殖为主。1979—2016 年填海面积总计达 87.44 km^2，耕地面积增加 41.79 km^2，基塘面积增加 24.78 km^2，两者占总增加面积的 76%（表 7-3），其中 1979—1999 年面积增加较为显著，共增加 86.26 km^2，占总增加面积的 99%；而 1999—2016 年面积增加比较平缓。

表 7-3　1979—2016 年内伶仃岛—虎门段海岸线开发地类面积　　　单位：km^2

生态资源类型	1979—1989 年	1989—1999 年	1999—2009 年	2009—2016 年
耕地	35.63	6.09	0.00	0.07
林地	2.14	0.55	0.05	0.00
草地	1.08	1.55		
水域	9.08	3.70	0.16	0.02
建设用地	0.02	2.47	0.00	0.05
未利用地				
基塘	5.84	18.12	0.36	0.46
总面积	53.78	32.48	0.57	0.61

三、深圳湾—虎门段

近40年深圳湾—虎门段海岸线4个区间变化相对比较平稳，海岸线长度从1979年的111.26 km增加到2016年的124.83 km，共增加13.57 km（图7-8和图7-9）。

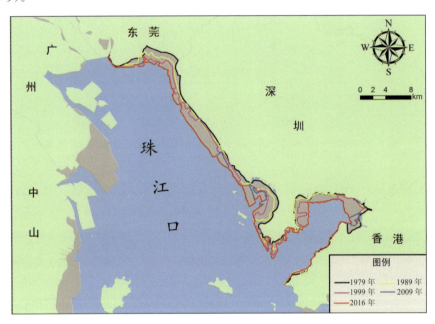

图7-8　1979—2016年粤港澳大湾区深圳湾—虎门段海岸线

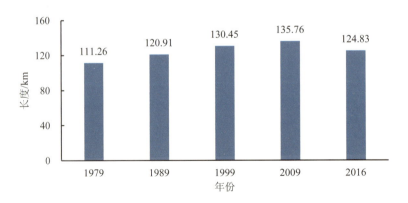

图7-9　1979—2016年粤港澳大湾区深圳湾—虎门段海岸线长度变化

深圳湾—虎门段岸线开发主要用途类型以建设用地为主。近40年该岸段填海增加的生态资源面积达149.29 km², 建设用地的面积最大, 达67.21 km², 占总面积的45%。其中1999—2009年粤港澳大湾区海岸线区域内生态资源增加幅度最大, 共增加45.86 km², 其中耕地0.25 km²、林地0.97 km²、草地0.98 km²、水域3.30 km²、建设用地31.25 km²、未利用地0.07 km²和基塘9.04 km²（表7-4）。

表7-4　1979—2016年深圳湾—虎门段海岸线开发地类面积　　　　单位: km²

生态资源类型	1979—1989年	1989—1999年	1999—2009年	2009—2016年
耕地	0.15	0.00	0.25	0.00
林地	3.14	1.01	0.97	0.62
草地	0.41	0.84	0.98	0.52
水域	2.74	3.60	3.30	17.06
建设用地	1.57	16.77	31.25	17.61
未利用地	0.32	0.39	0.07	0.00
基塘	22.30	8.95	9.04	5.40
总面积	30.64	31.57	45.86	41.21

第八章
粤港澳大湾区生态资源问题及驱动力分析

第一节 人为活动增加,生境破碎化严重

一、生态景观破碎严重

改革开放近40年来,粤港澳大湾区开发利用强度不断加大,建设用地由1979年的773.34 km²扩展到2016年的8 790.21 km²,增加10余倍,其中深圳建设用地增加幅度高达66倍。一方面,城市开发不断挤占生态空间,移山造地、市政建设等对自然生态空间造成严重破坏,耕地减少19 741 km²,人均耕地面积已低于联合国人均耕地面积警戒线。另一方面,海陆之间的生态过渡带、山体边缘过渡带、重要的河流生态廊道等被不合理地人为破坏和截断,区域内自然生态空间日趋破碎化,生态资源景观斑块数量由1989年的21 706个增至2016年的60 697个,平均斑块面积由253.94 hm²/个减至90.84 hm²/个,破碎化指数由0.393 8增至1.100 8,建设用地最大斑块指数增加40.9倍。

二、自然岸线持续缩减

由于填海围垦、筑堤养殖、码头建设等人为开发建设活动的持续加强,自然岸线不断被人工岸线所替代,1973—2015年人工岸线的长度增加了111.39 km(表8-1),比例由1979年的9.91%增加到2015年的55.70%(图8-1)。与此同时,由于陆连岛等工程,原有群岛岸线长度也大大缩短(图8-2至图8-5),使部分海洋生物失去繁殖和栖息空间,加之围堤使海水波浪缓冲减少,污染物入海过滤功能被削减,海岛自然生态调节功能减弱。

表 8-1　近 40 年粤港澳大湾区不同海岸类型的岸线长度　　　　　　　　　　单位：km

岸线类型		1973 年	1978 年	1988 年	1998 年	2008 年	2015 年
自然岸线	河口岸线	33.86	30.74	27.41	27.77	27.05	27.66
	基岩岸线	468.35	467.76	452.48	388.24	332.92	324.84
	砂纸岸线	182.06	181.18	162.95	156.55	152.3	129.54
	淤泥质岸线	516.89	495.83	473.2	412.49	433.17	347.23
	生物岸线	355.15	338.56	265.05	161.18	151.79	190.72
人工岸线	围垦养殖岸线	34.37	50.01	123.47	247.25	250.17	306.03
	工程建设岸线	136.89	165.64	318.89	606.92	755.15	976.62
总计		1 727.57	1 729.72	1 823.45	2 000.4	2 102.55	2 302.64

引自：陈金月. 基于 GIS 和 RS 的近 40 年粤港澳大湾区海岸线变迁及驱动因素研究[D]. 成都：四川师范大学，2017。

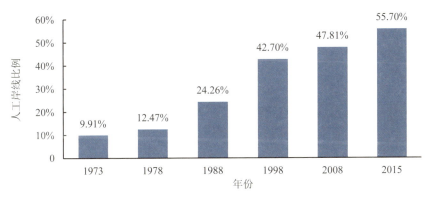

引自：陈金月. 基于 GIS 和 RS 的近 40 年粤港澳大湾区海岸线变迁及驱动因素研究[D]. 成都：四川师范大学，2017。

图 8-1　近 40 年粤港澳大湾区人工岸线比例

图 8-2　1989—2016 年三灶岛陆连岛遥感影像

图 8-3　1989—2016 年高栏列岛陆连岛遥感影像

图 8-4　1989—2016 年中山横门马鞍山遥感影像

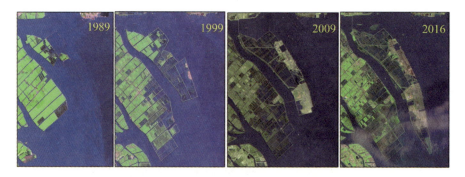

图 8-5　1989—2016 年南山龙穴岛遥感影像

三、天然湿地逐步减少

受城市开发建设、湿地围垦等原因影响，粤港澳大湾区天然湿地面积逐步减少，由1979年的2 882.69 km^{2}减少到2016年的1 885.89 km^2，减幅达33%，如惠州的潼湖曾是广东省面积最大的淡水湖泊，20世纪90年代面积超过10 km^2，现仅存6.5 km^2。而沿海滩涂受填海造陆、围垦养殖等因素影响破坏尤为严重，仅1950—1997年损失面积累计就达到797.12 km^2，相当于现有滩涂面积的70.2%，其中最为典型的就是红树林面积的大幅度减少，自1981年以来共损失10.82 km^2，其中96.2%被挖塘养殖占用，3.8%被工程建设占用，至2015年仅存24.65 km^2（图8-6），历史上珠江的广州黄埔出海口至狮子洋到伶仃洋沿岸成片茂密的天然红树林，现仅存南沙坦头村，面积不足0.03 km^2。湿地面积减少导致蓄水调洪、提供水源、防护海岸、优化生态环境的服务功能不断下降，湿地生态系统破坏显著。

引自：Chen B，Xiao X，Li X. A mangrove forest map of China in 2015：Analysis of time series Landsat 7/8 and Sentinel-1A imagery in Google Earth Engine cloud computing platform[J]. Isprs Journal of Photogrammetry & Remote Sensing，2017．

图8-6　2015年粤港澳大湾区红树林的分布

第二节　城市面积增加，资源承载力降低

一、生态赤字较为严重

生态足迹的分析结果显示，2009 年，粤港澳大湾区的人均生态足迹为 2.298 hm^2，与全球平均值 2.763 hm^2 接近，并高于全国平均水平（1.547 hm^2）及长三角地区（1.351 hm^2），而实际生态承载力仅为 0.170 hm^2/人，远小于生态足迹，人均生态赤字达 2.128 hm^2，远超我国人均赤字 0.5～0.7 hm^2，粤港澳大湾区生态赤字严重。区域生态环境承压程度低，自然生态处于极不安全状态。其中，肇庆、江门、惠州的生态压力相对较小，广州、佛山、中山、珠海处于中等水平，东莞的生态压力较大，深圳的生态压力（46.17）最大，各城市均处于强不可持续状态。

二、城市生态服务功能不足

由于粤港澳大湾区城市化进程加快，自然资源为城市建设发展让路，耕地、城市森林、绿地、水域面积不断减少，城市生态系统提供产品、调节气候、固碳释氧、保持土壤、涵养水源、净化环境等服务功能不断下降。城市建设导致不透水层面积比例不断扩大，自然下垫面面积不断减少，加之城市内部天然植被不断被人工植被代替，造成城市植被物种多样性单一，城市内部的生态系统自我调节能力变差，形成"热岛""干岛""浊岛"等一系列城市生态问题。1994—2014 年，粤港澳大湾区地表城市热岛＞3.0℃的热岛总面积从 6 km^2 增加到 4 812 km^2，中心城区平均地表城市热岛从 0.1℃增加到 1.8℃，造成城市"高温化"。

第三节　资源过度开发，生物多样性减少

一、优势物种生存环境破坏严重

粤港澳大湾区生物资源过度利用和无序开发对生物多样性的影响加剧，生物栖息地破碎化和孤岛化，使得野生动植物赖以生存繁衍的栖息地受到破坏，目前区域内有25%～30%的野生动植物的生存受到威胁，高于世界10%～15%的水平。而环境污染对水生和河岸生物多样性及物种栖息地也造成了较大影响，珠江口海域原是200余种海洋鱼类的产卵场和培育场，现在主要经济鱼类只剩50余种，而且种群数量急剧下降。林种、树种结构单一，截至2012年年底，森林生态功能相对较好的一类、二类林仅存68%左右。

二、外来物种入侵明显

粤港澳大湾区由于地处沿海，对外贸易频繁，远洋船舶压舱水带来外来物种，又因其特殊的地理、气候、寄主等条件为外来入侵物种的生存和繁衍创造了条件。据统计，粤港澳大湾区外来入侵昆虫种数多达20余种，以广州、深圳较为严重，对农林业生产及生态安全构成了严重威胁（图8-7）。在内伶仃岛，薇甘菊入侵导致在发育典型的白桂木—刺葵—油椎群落常绿阔叶林中，刺葵以下灌木几乎被薇甘菊覆盖，长势受到严重影响，群落中灌丛、草本的种类组成明显减少，疏林树木、林缘木被薇甘菊缠绕，出现枝枯、茎枯现象，呈现明显的逆行演替趋势。非洲鲫最初被作为观赏鱼引入，被弃入湖中后繁殖形成种群，如今在珠江广州河段大量繁殖。外来入侵物种压制或排挤本地物种，形成单优势种群，危及本地物种的生态，导致生物多样性的减少，对生态系统造成不可逆转的破坏。

图 8-7　粤港澳大湾区外来入侵昆虫地理分布格局（除香港、澳门）

三、自然保护区体系不完善

粤港澳大湾区现有自然保护区总数近 100 处，自然保护区基础建设相对领先，但也存在自然保护区体系不完善的问题。在我国现行自然保护区管理体制下，粤港澳大湾区自然保护区实行综合管理和分部门管理相结合的管理体制，业务管理与行政管理分离，存在职责不清、权利不明的弊病。自然保护区以单个、孤立的自然保护区为主，并且相邻或相近的保护区又分属于不同部门管理，忽略了自然保护区之间的联系，难以发挥保护区的整体保护效果。由于科学界对自然保护的科学研究、社会对自然保护的认知以及自然保护经验积累等方面的欠缺，自然保护工作缺乏"审批—建设—管理—评估—监管"全过程的制度化和规范化业务体系。自然保护区从业人员平均专业水平较低，制约了自然保护事业的发展。传统管理模式难以满足自然保护区监测、评估、监管和公众服务的要求，信息化管理评估体系有待完善。

第四节　生态资源变化的驱动机制

生态资源变化是一个复杂的过程，受到多种因素的影响和制约，总体来说包括自然因素和社会经济因素。随着人类社会的发展，尤其对于人口密集、经济活动高度集聚的城市来讲，社会经济因素成为引起城市土地利用变化的主要驱动力。

一、自然因素

通常区域的尺度越大，气候、土壤、水分等自然条件对人类活动的约束作用越强，而地形条件是影响生态资源变化最重要的自然因素之一。粤港澳大湾区位于珠江下游，濒临海洋，河口地区水系发达，分汊放射河道多，宽深水道发育，沿海低山丘陵密布、岛屿众多，因此，区域生态资源开发成本相对较高。以深圳市为例，深圳建成区扩展首先占用西部滨海平原区的土地，其次为龙岗区的龙岗河和坪山河河谷区，以及宝安区西北部的低平原区等地，因此这些片区耕地、农村居民点受人为活动的影响非常大；后期由于可供建成区扩展的后备土地资源日趋紧张，北部许多低山丘陵也被开发利用，对林地的影响逐渐增强。另外，由于地理位置的特殊性，围填海成为香港和澳门重要的土地获取方式，围海面积分别占到香港和澳门建成区扩展总面积的31.80%和78.07%。

二、人口因素

人口的迅猛增长是城市建设用地快速扩张的主要驱动力。随着改革开放的深入，粤港澳大湾区成为中国经济发展的强力引擎和龙头，聚集了大量的劳动力和资本，以仅占全国0.058%的土地面积承载了全国约4.5%的人口，人口密度约为1 214人/km^2，略高于纽约湾区，约为旧金山湾区的3倍。而其中深圳已经超越上海，成为全国人口密度最高的超大城市；广州、东莞和中山的人口密度也高于北京和天津。粤港澳大湾区人口发展在规模和空间分布方面总体呈现出以广州、深圳、香港为中心向外辐射的趋势，深圳、惠州、澳门、广州和佛山人口增长率较高，年均增长率分别为3.59%、2.67%、2.61%、2.33%和2.26%。随着人口的增加，住房等基础设施建设也需要相应增加，造成城市和村庄不断向外围扩张而占用大量其他用地。"向海要地"成为缓解沿海土地压力、拓展发展空间的主要途径之一。

三、经济因素

伴随着改革开放，近40年来，粤港澳大湾区经济总量保持着超常增长态势。除2009年受全球金融危机影响外，GDP增速均保持在5%以上，近5年更是保持在8%以上，发展潜力巨大。2016年，广州GDP达到1.96万亿元，深圳为1.95万亿元，分别是1979年的375倍和8750倍。伴随着经济的高速增长，各类工业园、科技园和创业园大量涌现。伶仃洋东岸，以深圳、东莞为主体形成了全国首屈一指的电子信息工业园区；伶仃洋西岸形成了经济规模巨大的电器机械生产基地；珠海建立了由10多所著名高校组成的大学科技园。由于经济的刺激，劳动力向大城市或经济效益好的地方流动，促使城市规模扩大并不断向外扩张。与此同时，农村、农民为了获得更大的收益，往往不断更换作物种植结构或者改变土地利用类型，如粮食作物改种基塘、蔬菜等经济作物以及未利用地或耕地变为建设用地以求获得更大的经济效益。

四、交通因素

城市作为区域的中心，与区域及区域外的物质联系主要依靠对外交通来实现，因此对外交通沿线具有潜在的高经济性，交通的发展是城市空间扩展的重要牵动力，对城市空间扩展具有指向性作用，从而影响城市空间形态。近40年，粤港澳大湾区建立了十分发达的交通网络体系，公路运输方面建起了京珠高速、广深快速、港珠澳大桥等主要线路，铁路运输方面则有广深港高铁、广珠城际铁路、京九铁路等干道连接，未来随着珠三角城际快速轨道交通网络及沪港高铁的建成，粤港澳大湾区将真正形成城际1小时交通圈。海上交通的发展对海洋环境和近岸资源改变产生了较大的影响。粤港澳大湾区拥有世界最大的海港群，港口年吞吐量超过6793.44万TEU，约是东京湾区的8.5倍、旧金山湾区的29倍，纽约湾区的14倍，其中深圳港、广州港、珠海港和东莞港达到亿吨以上。

五、政策因素

国家和地区政策的调整对生态资源的利用具有明显的推动效应。1978 年决定进行经济体制改革，从 1980 年起先后批准 5 个经济特区，深圳、珠海、广州都在列。国家对于经济特区和沿海开放城市在税收、企业管理、劳动力雇用、土地供给、行政管理权限等方面实施的一系列特殊优惠政策，极大地促进了这些城市的经济发展和城市化进程。2003 年《关于建立更紧密经贸关系的安排》（*Closer Economic Partnership Arrangement*，CEPA）签订和实施后，减少了内地与香港在经贸交流中的体制性障碍，加速了相互间资本、货物和人员等要素的自由流动，促进三地的生产合作从单一的制造领域走向制造与服务领域的合作，逐步形成共同的市场体系。随着 2008 年《珠江三角洲地区改革发展规划纲要（2008—2020年）》以及 2017 年《深化粤港澳合作 推进大湾区建设框架协议》的签署，粤港澳区域合作走向更紧密的融合发展阶段，区域空间结构向网络化、一体化方向发展，区域性功能网络建设成为粤港澳合作规划的关注重点。

生态环境篇

第九章

粤港澳大湾区大气环境质量现状及变化趋势

利用粤港澳大湾区 11 个城市近 20 年二氧化硫、二氧化氮、一氧化碳、臭氧、可吸入颗粒物（PM_{10}）和细颗粒物（$PM_{2.5}$）等指标的监测数据，分析各个城市空气质量及污染物随时间的动态变化。同时利用粤港澳珠三角区域空气监测网络（http://www.gdep.gov.cn/）23 个气象监测站点的监测数据（图 9-1），利用反距离权重法（IDW）空间插值来直观地展示粤港澳大湾区各项空气污染指标浓度的空间分布情况。

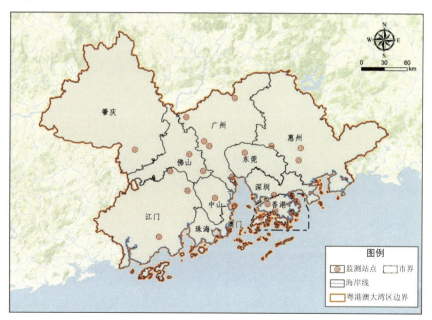

图 9-1 粤港澳大湾区空气监测站点位置

第一节　空气质量现状

2016年，粤港澳大湾区空气质量总体较好，空气优良率在84.4%～96.7%，平均为89.5%，其中优占43.2%，良占46.2%；超标天数比例为10.6%，其中轻度污染占9.0%，中度污染占1.4%，重度污染占0.2%，无严重污染。惠州和深圳空气优良率最大，为96.7%，而江门空气优良率最小，为84.4%（图9-2）。

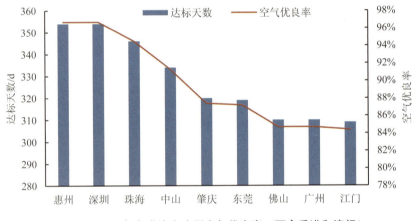

图9-2　2016年粤港澳大湾区空气优良率（不含香港和澳门）

粤港澳大湾区$PM_{2.5}$年平均浓度为31 μg/m³，整体处于较低水平，各市年平均浓度在22～38 μg/m³，除东莞、广州、佛山、肇庆外，其余城市年均浓度都低于国家二级标准，其中香港年平均浓度最低，为22 μg/m³，佛山年平均浓度最高，为38 μg/m³（表9-1）。空间上看，呈现"西高东低"的特征，浓度较高的区域主要分布在珠江口的西岸，并且由沿海到内陆逐渐升高，而在珠江口东岸$PM_{2.5}$浓度较低（图9-3）。

PM_{10}浓度、分布情况与$PM_{2.5}$类似。PM_{10}年平均浓度为47 μg/m³，各市年平均浓度在34～55 μg/m³，所有城市年平均浓度都低于国家二级标准（70 μg/m³），其中香港年平均浓度最低，为34 μg/m³，广州年平均浓度最高，为56 μg/m³（表9-1）。空间上看，也是呈现"西高东低"的特征，即珠江口西岸片区浓度整体高于东岸片区，PM$_{10}$浓度较高的区域主要分布在珠江口西岸的肇庆、佛山、江门地区，而在珠江口东岸浓度则较低（图9-3）。

表9-1　2016年粤港澳大湾区空气监测指标浓度值

城市	PM$_{2.5}$浓度/ (μg/m^3)	PM$_{10}$浓度/ (μg/m^3)	O$_3$浓度/ (μg/m^3)	SO$_2$浓度/ (μg/m^3)	NO$_2$浓度/ (μg/m^3)	CO浓度/ (mg/m^3)
广州	36	56	155	12	12	1.3
深圳	27	42	59	8	33	0.8
珠海	26	41	144	9	32	1.1
佛山	38	55	160	14	14	1.3
惠州	27	45	133	—	—	—
东莞	35	49	166	11	11	1.3
中山	30	44	153	11	34	1.4
江门	34	55	162	12	34	1.3
肇庆	37	55	150	16	33	1.4
香港	22	34	38	8	50	0.8
澳门	25	45	49	8	40	0.7
国家一级标准	15	40	100	20	40	—
国家二级标准	35	70	160	60	40	—

O$_3$年平均浓度为124 μg/m^3，各市年平均浓度在38～166 μg/m^3，除佛山、江门、东莞外，其余城市浓度低于国家二级标准，其中香港年平均浓度最低，为38 μg/m^3，东莞年平均浓度最高，为166 μg/m^3（表9-1）。空间上看，O$_3$浓度较高的区域主要分布在粤港澳大湾区的外围，即江门南部、广州东北部及惠州片区，且珠江口东岸污染较为严重（图9-3）。

SO$_2$年平均浓度为11 μg/m^3，各市年平均浓度在8～16 μg/m^3，所有城市年平均浓度都低于国家一级标准（20 μg/m^3），其中深圳、香港、澳门年平均浓度最低，为8 μg/m^3，肇庆年平均浓度最高，为16 μg/m^3。空间上看，也呈现出"西高东低"的特征，SO$_2$浓度较高的区域主要分布在珠江口的西岸肇庆和佛山地区，而在珠江口东岸SO$_2$浓度较低（图9-3）。

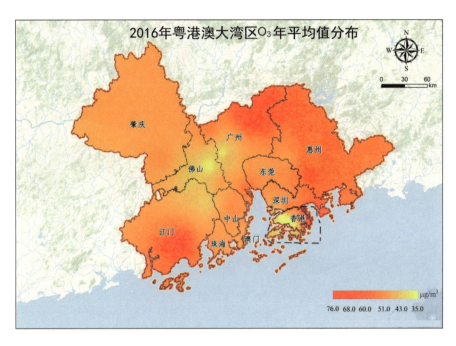

2016年粤港澳大湾区O_3年平均值分布

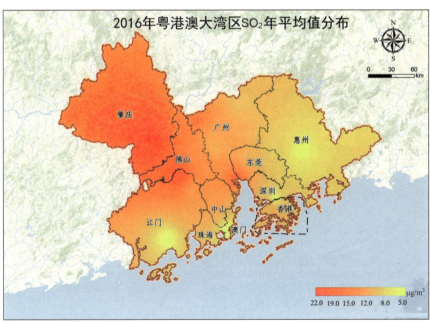

2016年粤港澳大湾区SO_2年平均值分布

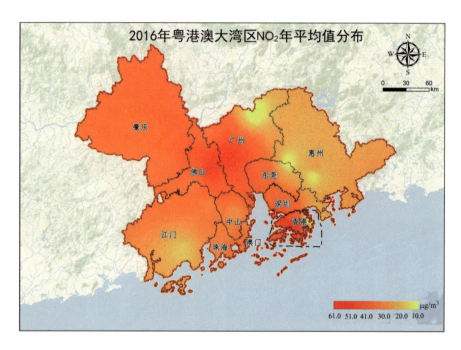

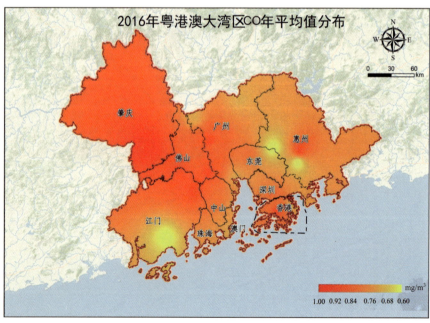

图 9-3　2016 年粤港澳大湾区空气监测指标浓度空间分布

NO_2 年平均浓度为 29 μg/m³，各市年平均浓度在 11～50 μg/m³，除香港和澳门外，其余城市年平均浓度都低于国家二级标准（40 μg/m³），其中东莞年平均浓度最低，为 11 μg/m³，香港年平均浓度最高，为 50 μg/m³（表 9-1）。从空间上看，呈现"中心城市"污染特征，NO_2 浓度较高的区域主要分布于珠江口的两侧，并且香港地区最为严重（图 9-3）。

CO 年平均浓度为 1.14 mg/m³，各市年平均浓度在 0.7～1.4 mg/m³，其中澳门年平均浓度最低，为 0.7 mg/m³，肇庆和中山年平均浓度最高，为 1.4 mg/m³（表 9-1 和图 9-3）。

第二节 空气质量变化趋势

一、$PM_{2.5}$ 浓度变化趋势

细颗粒物（$PM_{2.5}$）浓度自 2012 年开展监测（图 9-4），总体上 2012—2016 年 $PM_{2.5}$ 浓度呈下降趋势，且可分为两个阶段：第一个阶段为 2012—2013 年，年均浓度基本在 40 μg/m³ 上下浮动，超出国家二级标准；第二个阶段为 2014—2016 年，$PM_{2.5}$ 浓度下降趋势增大，大部分城市浓度已低于国家二级标准。

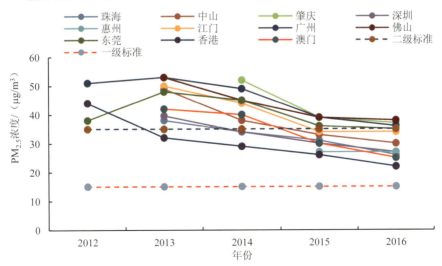

图 9-4　2012—2016 年粤港澳大湾区 $PM_{2.5}$ 浓度变化趋势

11个城市下降趋势具有明显的差异性，广州、肇庆呈波动下降，其余城市为持续下降。各城市下降幅度有较大差异，其中香港从2012年的44 μg/m³下降到2016年的22 μg/m³，下降幅度最大，达50%；肇庆从2014年52 μg/m³下降到2016年的37 μg/m³，下降幅度最小，为28.8%。

二、可吸入颗粒物（PM_{10}）浓度变化趋势

粤港澳大湾区11个城市1999—2016年PM_{10}浓度总体呈波动下降的趋势（图9-5）。总体上可以分为三个阶段：第一个阶段为1999—2004年，呈升高趋势，在2004年达到峰值；第二个阶段为2004—2013年，呈缓慢下降趋势，到2013年有所反弹；第三个阶段为2013—2016年，呈快速下降趋势，各城市浓度下降均较为迅速。

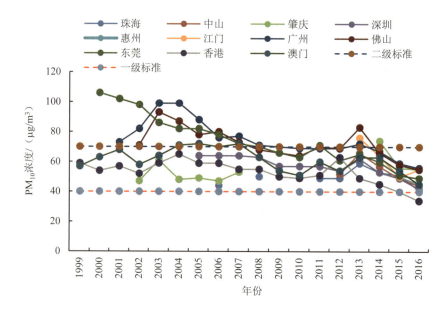

图9-5　1999—2016年粤港澳大湾区PM_{10}浓度变化趋势

11个城市变化趋势差异较大，其中，佛山、肇庆和广州的PM_{10}浓度总体处于较高水平，且波动较为剧烈，如肇庆从2002年的47 μg/m³上升到2014年的74 μg/m³，达到了峰值，再到2016年的浓度值为55 μg/m³，仍处于很高的状态。

其余城市变化相对较为平缓,下降幅度最大的为东莞,从 2001 年的 106 μg/m³ 下降到 2016 年的 49 μg/m³,下降幅度最大,达 53.8%。

三、O_3 浓度变化趋势

2012—2016 年,粤港澳大湾区 11 个城市 O_3 浓度总体呈升高的趋势(图 9-6),且可划分为两个梯队,浓度较低的深圳、澳门、香港变化非常平缓,总体上升幅度较小,其中香港 O_3 浓度从 35 μg/m³ 上升到 38 μg/m³,上升幅度最小,为 8.7%;其余城市总体变化相对剧烈,惠州、东莞 2012—2014 年增加幅度较大,2015—2016 年增加趋势趋于平缓,其余 3 个城市呈波动变化,珠海 O_3 浓度从 2013 年的 81 μg/m³ 上升到 2016 年的 144 μg/m³,上升幅度最大,达 77.8%。

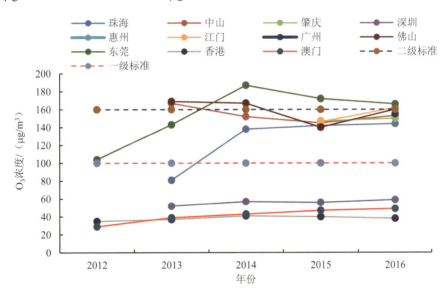

图 9-6 2012—2016 年粤港澳大湾区 O_3 浓度变化趋势

四、SO_2 浓度变化趋势

粤港澳大湾区 11 个城市 1999—2016 年 SO_2 浓度呈波动收敛下降趋势(图 9-7),且除个别城市个别年份外,各城市历年浓度值均达到国家二级标准(60 μg/m³)。总体上,可划分为 3 个阶段:第一个阶段为 1999—2004 年,SO_2 浓度波动明显,且各城市浓度差异较为明显，大部分城市呈增加趋势，在 2006 年达到峰值；第二个阶段为 2006—2013 年，各城市浓度间差距缩小，且整体开始显著下降，但在 2013 年有所反弹；第三个阶段为 2014—2016 年，各城市下降趋势趋于平缓，且各城市间差距进一步缩小。

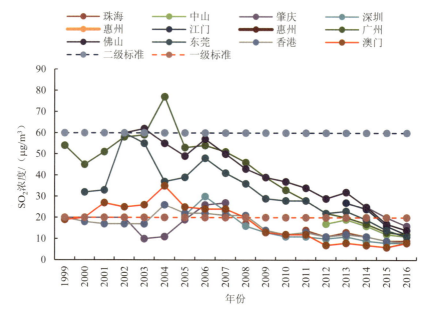

图 9-7　1999—2016 年粤港澳大湾区 SO_2 浓度变化趋势

11 个城市变化特征不尽相同，广州、东莞波动变化幅度较大，其中广州下降幅度最为明显，从 1999 年的 54 μg/m³ 下降到 2016 年的 12 μg/m³，下降幅度达 77.8%。

五、NO_2 浓度变化趋势

粤港澳大湾区 1999—2016 年 NO_2 浓度呈下降的趋势（图 9-8），但是下降相对较缓，可分为两个阶段：第一个阶段为 1999—2006 年，该期间内 NO_2 浓度处于较高水平，且下降幅度很不显著；第二个阶段为 2007—2016 年，污染情况显著好转，总体处于较低水平，且在波动中总体也呈下降趋势。

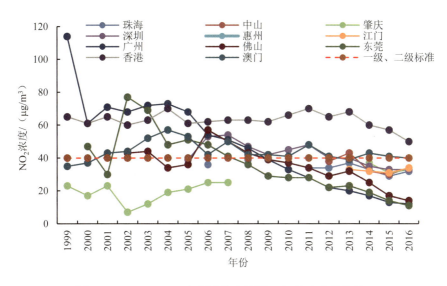

图 9-8　1999—2016 年粤港澳大湾区 NO_2 浓度变化趋势

从各城市来看，香港的 NO_2 浓度变化趋势较为特殊，1999—2016 年变化基本不大，一直处于较高水平，并高于国家二级标准（40 μg/m³），在 60 μg/m³ 上下浮动。其他城市总体均为下降趋势，广州 1999—2016 年 NO_2 浓度下降最大，从 1999 年的 114 μg/m³ 下降到 2016 年的 12 μg/m³，下降幅度达 89.4%。

六、CO 浓度变化趋势

粤港澳大湾区 2012—2016 年 CO 浓度随时间而降低（图 9-9），但是下降相对较缓，且有波动变化现象。其中中山、惠州、东莞为波动下降，在 2014 年或 2015 年达到一个峰值，随后才开始下降。

七、pH 值变化趋势

粤港澳大湾区降水 pH 值随时间而升高，酸雨程度正在逐步下降（图 9-10）。2006—2016 年 pH 值上升的尤为明显，从 2006 年的 4.63 上升到 2016 年的 5.52，上升幅度为 16%，按照 pH 值由大到小排列，惠州、中山、东莞 3 个城市 pH 值排名前三位。

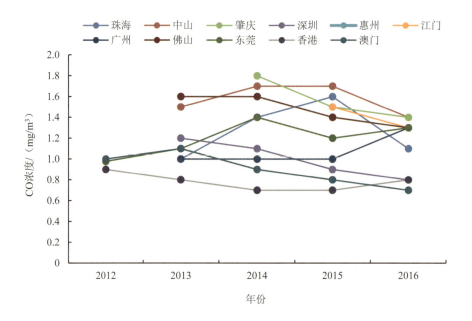

图 9-9　2012—2016 年粤港澳大湾区 CO 浓度变化趋势

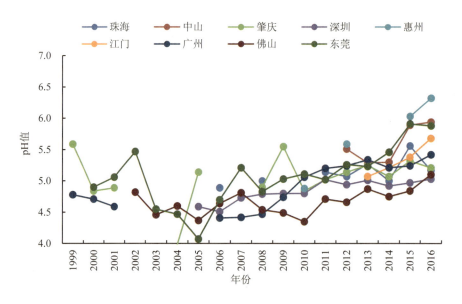

图 9-10　1999—2016 年粤港澳大湾区降水 pH 值变化趋势（不含香港和澳门）

第三节　空气质量问题及原因

一、臭氧浓度存在超标，空气质量面临压力

1. 臭氧污染持续加重

粤港澳大湾区空气质量总体上呈好转态势，主要原因在于煤烟型污染已得到有效遏制。但是光化学污染已成为粤港澳大湾区越来越严重的污染形式，尤其是区域 O_3 污染的持续加重问题，应引起足够重视。作为二次污染物，其分布形式与一次污染物明显不同，浓度高值主要出现在粤港澳大湾区外围郊区。一方面，粤港澳大湾区 NO_x 呈现显著的"中心城市"污染特征，NO_x 在由中心城区向外输送的过程中易与外围区域排放的 VOCs 发生光化学反应，生成高浓度 O_3，从而导致粤港澳大湾区外围郊区 O_3 浓度偏高。另一方面，作为光化学反应的另一重要前体物，VOCs 对大气中 O_3 浓度变化有重要影响，然而目前对 VOCs 的排放控制相对薄弱，目前粤港澳大湾区挥发性有机物排放基数不清，VOCs 治理项目缺乏有效的监管和评估。此外，O_3 浓度的升高还受气象条件的影响，日照时数的增加也有利于光化学反应的发生，2006—2016 年粤港澳大湾区地区年日照时数呈增加趋势，也加剧了 O_3 污染程度（图 9-11）。

2. $PM_{2.5}$ 浓度与国际湾区差距较大

在经济下行和政府治理的共同作用下，2006—2012 年粤港澳大湾区 SO_2、烟（粉）尘排放量逐年下降（图 9-12），受此影响，粤港澳大湾区（不包括香港和澳门）SO_2、PM_{10}、$PM_{2.5}$ 浓度呈逐年下降趋势。但是与国际湾区相比，差距仍然较为明显。2016 年，粤港澳大湾区 $PM_{2.5}$ 浓度为 31 μg/m³，分别是东京湾区、纽约湾区和旧金山湾区的 1.8 倍、2.1 倍和 3 倍（图 9-13）。

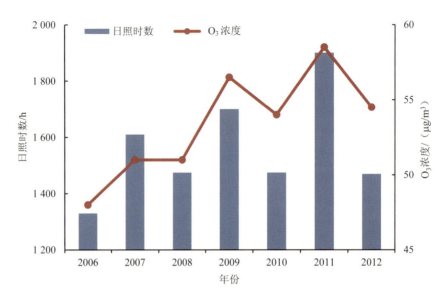

引自：廖志恒，孙家仁，范绍佳，等. 2006—2012年珠三角地区空气污染变化特征及影响因素[J]. 中国环境科学，2015，35（2）：329-336。

图 9-11　粤港澳大湾区年日照时数（广州站）与臭氧浓度变化的对比

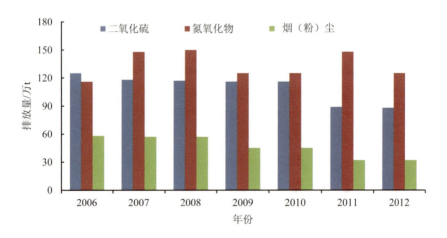

引自：廖志恒，孙家仁，范绍佳，等. 2006—2012年珠三角地区空气污染变化特征及影响因素[J]. 中国环境科学，2015，35（2）：329-336。

图 9-12　粤港澳大湾区污染物排放量

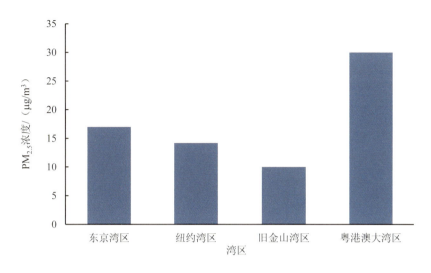

图 9-13　2016 年四大湾区 PM$_{2.5}$ 浓度

二、污染排放量增加，源头防控困难较大

1. 传统能源结构比重仍然较大

粤港澳大湾区 SO_2、PM_{10} 和 $PM_{2.5}$ 等一次污染物的主要来源是火电等传统行业，高值区主要是广佛肇经济圈，特别是广州、佛山、东莞、江门地区集中了较多的电厂和陶瓷企业，污染物排放量大，造成该区域 SO_2、PM_{10} 和 $PM_{2.5}$ 污染相对严重。其中，佛山共 9 家电厂（热电企业），只有 1 家燃气电厂，全市电煤的用量占总用煤量的比例超过六成，电厂排放 SO_2 约占工业排放的 33%，NO_x 排放约占工业排放的 45%；广州纳入生态环境部监控的大型火力发电企业有 9 家，另外还有近 35 个国控的大型燃煤排放源，广钢、南玻等大型企业自行设立的集中供暖大型燃煤锅炉；东莞仅大型电厂就有 6 家；江门作为广东的能源基地，全市煤炭消费总量达 1 352 万 t（2013 年数据），占全省电煤消费总量的 1/10，燃煤电厂消耗煤炭 1 109 万 t，占全省电煤消费总量的 1/6；佛山市陶瓷行业 SO_2 和氮氧化物年排放量分别占到全市排放总量的 22.6% 和 24.3%。

2. 机动车数量较大

粤港澳大湾区汽车保有量呈持续增加趋势（图 9-14），2016 年，汽车保有量净增 136.73 万辆（未包含香港和澳门），截至 2016 年年末，粤港澳大湾区汽车保有量总和已超过 1 300 万辆，占全省汽车保有量的比例接近 78%。由于区域内机动车保有量逐年增加，氮氧化物的机动车排放呈增加趋势，NO_2 浓度在香港地区呈现极高值中心，这与当地交通强度有密切关系。

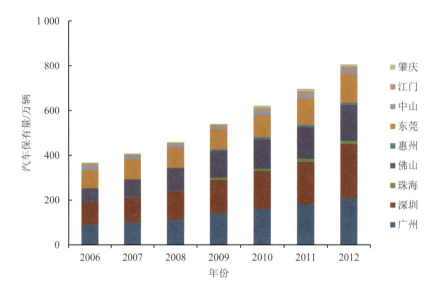

引自：廖志恒, 孙家仁, 范绍佳, 等. 2006—2012 年珠三角地区空气污染变化特征及影响因素[J]. 中国环境科学, 2015, 35（2）：329-336。

图 9-14　粤港澳大湾区汽车保有量变化

3. 船舶码头贡献大

据深圳市环境科学研究院研究显示，一艘燃油含硫量 3.5% 的中大型集装箱船，以 70% 最大功率的负荷 24 h 航行，其一天排放的 $PM_{2.5}$ 相当于 21 万辆国四重型货车，而每天一艘这种船舶航行时间占总时间的 28% 左右，其一次进出港的 $PM_{2.5}$ 排放量相当于近 6 万辆国四重型货车。可见，船舶对污染物的贡献不容小觑。相关研究表明，粤港澳大湾区水域船舶排放的 SO_2 为 12.2 万 t、NO_x 为 21 万 t、PM_{10} 为 1.6 万 t、$PM_{2.5}$ 约为 1.5 万 t（2014 年），其中，SO_2 和 NO_x 分别占粤港澳大湾区排放总量的 14%和 15%，分别为第三、第四大贡献源。

4. 施工、裸土地带来的扬尘较多

近 40 年随着经济的发展，粤港澳大湾区建设用地面积显著增加，施工工地的数量长期居高不下，因此，也带来了相当数量的扬尘排放量。据统计，建筑施工中土方开挖、地基建设、土方回填和一般建设阶段的扬尘（PM_{10}）排放因子依次为 0.41 g/（h·m²）、0.14 g/（h·m²）、0.12 g/（h·m²）和 0.11 g/（h·m²），土方开挖阶段排放的扬尘量最大，其次是地基建设和土方回填阶段，一般建设阶段排放量最小。根据相关研究，粤港澳大湾区建筑施工扬尘排放的时间呈现年初和年末排放量大，而年中较少的特征，其中 1 月、11 月和 12 月建筑施工扬尘排放量最大，而 5 月、6 月、7 月与 8 月排放量偏少，从空间分布上看主要集中在广州和深圳，其次是佛山和东莞，而江门和肇庆等城市排放量较少。

三、监管体系缺少，治理模式亟须优化

1. 全覆盖的污染物防控体系较为缺乏

2008 年以来，广东省实施"腾笼换鸟"和"双转移"战略，广州、佛山和东莞等经济核心区逐步将高能耗、高污染企业向外迁移，因此，粤港澳大湾区核心区污染物排放明显减少，一次污染物浓度下降趋势变得更为显著，但二次污染物却控制效果不太理想，甚至出现上升趋势。主要是因为目前我国对空气污染物控制重点以二氧化硫和工业细粉尘为主，对细颗粒物、氮氧化物、VOCs 的控制相对比较薄弱。粤港澳大湾区外围城市治理主要以点源为主，缺乏对扬尘以及汽车等非点源的关注，氮氧化物、细颗粒物监管不到位。这导致在空气治理过程中，主要指标趋势好转，但部分指标仍然出现了恶化现象。

2. 区域联防联控治理模式尚不成熟

2013 年 9 月，国务院印发《大气污染防治行动计划》，首次权威性地提出了

在大气领域建立区域协作机制，统筹区域环境治理。在此背景下，珠三角区域，包括粤港澳地区相继开展了大量的探索和尝试，也取得了一定的成就。但由于我国环境保护管理机制为条块化管理，各地政府之间共同治理某一环境问题往往面临责任推脱等难题，再加上配套的技术手段、管理方式得不到有效保证，大气的精细化管理程度也不够，导致大气污染治理效果较为有限。

第十章

粤港澳大湾区河流环境质量现状及变化趋势

利用广东省 31 条河流和水道的 62 个监测断面（表 10-1）2006—2016 年的水质监测数据（未包含香港和澳门），评价各主要城市河流环境质量，并识别出主要污染物。

表 10-1　粤港澳大湾区重点监测河流及断面

城市	河流名称［括号内数字为断面数（个）］	断面总数/个
东莞	东莞运河（3）、东江北干流（2）、东江东莞段（2）	7
佛山	东海水道（1）、东平水道（1）、佛山水道（2）、容桂水道（1）、西江干流水道（1）、平洲水道（1个）、顺德水道（1）	8
广州	洪奇沥（1）、蕉门水道（1）、流溪河（1）、沙湾水道（1）市桥水道（1）、增江（1）、珠江河广州河段（6）	12
惠州	沙河（1）、东江惠州段（5）、公庄河（1）、秋香江（1）、西枝江（2）、增江（1）	11
江门	江门河（1）、潭江（3）、西海水道（2）、西江干流水道（1）	7
深圳	龙岗河（1）、坪山河（1）、深圳河（3）	5
肇庆	绥江（1）、西江肇庆段（2）	3
中山	横门水道（1）、磨刀门水道（2）、石岐河（1）	4
珠海	黄杨河（1）、磨刀门水道（1）、前山河（3）	5
总计	31 条	62

注：由于澳门境内无河流、香港河流水质标准与内地不统一，故香港水质评价未纳入内地 9 市共同分析，仅单独提供水质评价结果。

第一节 河流水质现状

2016 年,粤港澳大湾区水质总体不太乐观。监测的 31 条河流 62 个断面中,水质为优、符合地表水Ⅱ类标准的断面有 30 个,占 49%;水质良好、符合地表水Ⅲ类标准的断面有 12 个,占 19%;水质轻度污染、符合地表水Ⅳ类标准的断面有 10 个,占 16%;水质中度污染、符合地表水Ⅴ类标准的断面有 2 个(广州 1 个,佛山 1 个),占 3%;水质重度污染、劣于国家地表水Ⅴ类标准的断面有 8 个,占 13%(图 10-1 和表 10-2)。

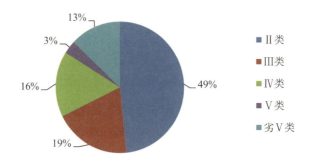

图 10-1　2016 年粤港澳大湾区河流水质比例

表 10-2　2016 年粤港澳大湾区河流重度污染的河流断面

城市	河段	2016 年	目标水质	超标因子
东莞	东莞运河	劣Ⅴ	Ⅳ	氨氮、总磷
东莞	东莞运河	劣Ⅴ	Ⅳ	氨氮、总磷
东莞	东莞运河	劣Ⅴ	Ⅳ	溶解氧、氨氮
深圳	龙岗河	劣Ⅴ	Ⅲ	总磷、氨氮、化学需氧量
深圳	坪山河	劣Ⅴ	Ⅲ	总磷、氨氮、溶解氧
深圳	深圳河	劣Ⅴ	Ⅴ	溶解氧、氨氮
深圳	深圳河	劣Ⅴ	Ⅲ	溶解氧、氨氮、总磷
佛山	佛山水道	劣Ⅴ	Ⅳ	溶解氧、氨氮

从各城市来看，珠江口西岸比东岸好，11个城市中肇庆、江门水质较好，水质基本为Ⅱ类、Ⅲ类；东莞和深圳水质污染情况最差，大部分断面为劣Ⅴ类（表10-2），而且东莞、佛山、广州、江门和深圳都有断面未达到目标水质要求（表10-3），超标因子主要为总磷、氨氮、化学需氧量。

表 10-3　2016年粤港澳大湾区非重度污染但仍未达标的河流断面

城市	河段	2016年	目标水质	超标因子
东莞	东江北干流	Ⅲ	Ⅱ	溶解氧、总磷、氨氮
东莞	东江东莞段	Ⅲ	Ⅱ	总磷、氨氮
东莞	东江东莞段	Ⅱ	Ⅱ	总磷、氨氮、溶解氧
佛山	佛山水道	Ⅴ	Ⅳ	溶解氧、氨氮
广州	珠江河广州河段	Ⅴ	Ⅲ	溶解氧
江门	潭江	Ⅲ	Ⅱ	化学需氧量、总磷、溶解氧

从流域方向上看，上游的水质明显好于下游的水质。2016年，东江惠州段水质（3个监测断面均为Ⅱ类）好于东江东莞段（石龙北河断面为Ⅲ类），深圳河河口水质（深圳河河口断面为劣Ⅴ类）显著劣于中上游水质（径肚断面为Ⅱ类）。

香港方面[1]，香港环境保护署以溶解氧、五日生化需氧量和氨氮水平这3项污染物的浓度作为河流水质的评价标准，并将其分为极佳、良好、普通、恶劣和极劣5个等级[2]。根据《2016年香港河溪水质》报告，2016年香港环境保护署监测30条河溪共82个站位的水质，河溪的水质指标整体达标率为91%，其中84%的监测站水质被评为极佳或良好等级，主要位于大屿山、新界东部、新界西南部及九龙区片区，7%的监测站水质被评为恶劣。

---

[1] 港澳仅分析香港水质，澳门境内无河流。
[2] 有关水质指标的计算及评估详情，请参阅《2016年香港河溪水质》。

第二节 河流水质变化趋势

从整体上看,2006—2016 年,粤港澳大湾区地表河流水质呈现好转的趋势,62 个断面中Ⅱ类水质比例呈现增加趋势,从 2006 年的 32%上升到 2016 年的 48%,尤其是 2011 年之后,水质有明显好转的趋势(图 10-2),特别是佛山、惠州和江门。

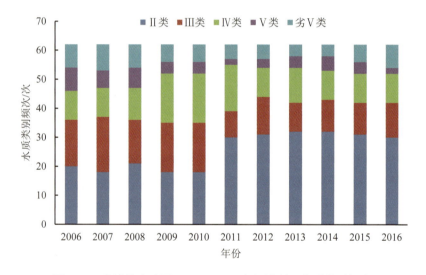

图 10-2　粤港澳大湾区 2006—2016 年河流断面水质类别频次

从各城市来看(表 10-4),各城市间水质变化差异较大,东莞、珠海水质呈下降趋势,深圳水质改善十分有限,广州、佛山水质有所好转,其余城市水质较好且较为稳定,具体如下。

(1)东莞水质明显下降

东莞市水质 2006—2015 年较为稳定,但在 2016 年出现了显著下降,出现了劣Ⅴ类水体,由 2006 年的 0 增加至 2016 年的 42.86%,主要是东莞运河 3 个断面水质都由原来Ⅴ类转变成劣Ⅴ类水质,主要超标因子为氨氮和总磷。

表10-4　2006—2016年粤港澳大湾区河流断面水质比例　　　　　　　　　单位：%

城市	类别	2006年	2007年	2008年	2009年	2010年	2011年	2012年	2013年	2014年	2015年	2016年
东莞	Ⅱ	28.57	28.57	28.57	28.57	28.57	57.14	57.14	57.14	57.14	57.14	14.29
	Ⅲ	28.57	28.57	28.57	28.57	28.57	0	0	0	0	0	42.86
	Ⅳ	0	0	0	0	0	14.29	0	0	0	0	0
	Ⅴ	42.86	42.86	42.86	42.86	42.86	28.57	42.86	42.86	42.86	42.86	0
	劣Ⅴ	0	0	0	0	0	0	0	0	0	0	42.86
佛山	Ⅱ	25.00	25.00	25.00	12.50	12.50	62.50	75.00	75.00	62.50	62.50	62.50
	Ⅲ	37.50	25.00	37.50	25.00	25.00	12.50	12.50	12.50	25.00	12.50	12.50
	Ⅳ	0	12.50	0	25.00	25.00	12.50	0	0	0	0	0
	Ⅴ	0	0	12.50	12.50	12.50	0	0	12.50	12.50	0	12.50
	劣Ⅴ	37.50	37.50	25.00	25.00	25.00	12.50	12.50	0	0	25.00	12.50
深圳	Ⅱ	0	0	0	0	0	20.00	0	0	0	20.00	20.00
	Ⅲ	0	20.00	0	0	0	0	20.00	20.00	20.00	0	0
	Ⅳ	20.00	0	20.00	20.00	20.00	0	0	0	0	0	0
	Ⅴ	0	0	0	0	0	0	0	0	0	0	0
	劣Ⅴ	80.00	80.00	80.00	80.00	80.00	80.00	80.00	80.00	80.00	80.00	80.00
广州	Ⅱ	8.33	8.33	8.33	0	0	16.67	33.33	33.33	33.33	25.00	33.33
	Ⅲ	8.33	16.67	8.33	25.00	25.00	16.67	25.00	16.67	16.67	25.00	16.67
	Ⅳ	41.67	33.33	41.67	75.00	75.00	66.67	41.67	50.00	41.67	41.67	41.67
	Ⅴ	33.33	25.00	25.00	0	0	0	0	0	8.33	8.33	8.33
	劣Ⅴ	8.33	16.67	16.67	0	0	0	0	0	0	0	0
中山	Ⅱ	75.00	50.00	50.00	50.00	50.00	75.00	50.00	75.00	75.00	50.00	75.00
	Ⅲ	0	25.00	25.00	25.00	25.00	0	25.00	0	0	25.00	0
	Ⅳ	25.00	25.00	25.00	25.00	25.00	25.00	25.00	25.00	25.00	25.00	25.00
	Ⅴ	0	0	0	0	0	0	0	0	0	0	0
	劣Ⅴ	0	0	0	0	0	0	0	0	0	0	0
珠海	Ⅱ	20.00	20.00	40.00	20.00	20.00	20.00	20.00	20.00	20.00	20.00	20.00
	Ⅲ	40.00	40.00	20.00	40.00	40.00	20.00	40.00	20.00	20.00	20.00	20.00
	Ⅳ	40.00	40.00	40.00	40.00	40.00	60.00	40.00	40.00	60.00	60.00	60.00
	Ⅴ	0	0	0	0	0	0	0	0	0	0	0
	劣Ⅴ	0	0	0	0	0	0	0	0	0	0	0

城市	类别	2006年	2007年	2008年	2009年	2010年	2011年	2012年	2013年	2014年	2015年	2016年
惠州	Ⅱ	54.55	45.45	63.64	63.64	63.64	63.64	63.64	72.73	72.73	72.73	72.73
	Ⅲ	36.36	45.45	27.27	27.27	27.27	27.27	27.27	18.18	18.18	18.18	18.18
	Ⅳ	0	9.09	9.09	9.09	9.09	9.09	9.09	9.09	9.09	9.09	9.09
	Ⅴ	9.09	0	0	0	0	0	0	0	0	0	0
	劣Ⅴ	0	0	0	0	0	0	0	0	0	0	0
肇庆	Ⅱ	100.00	100.00	100.00	100.00	100.00	100.00	100.00	100.00	100.00	100.00	100.00
	Ⅲ	0	0	0	0	0	0	0	0	0	0	0
	Ⅳ	0	0	0	0	0	0	0	0	0	0	0
	Ⅴ	0	0	0	0	0	0	0	0	0	0	0
	劣Ⅴ	0	0	0	0	0	0	0	0	0	0	0
江门	Ⅱ	28.57	28.57	28.57	28.57	28.57	57.14	57.14	42.86	57.14	57.14	57.14
	Ⅲ	57.14	57.14	57.14	57.14	57.14	28.57	28.57	28.57	42.86	42.86	42.86
	Ⅳ	14.29	14.29	14.29	14.29	14.29	14.29	14.29	28.57	0	0	0
	Ⅴ	0	0	0	0	0	0	0	0	0	0	0
	劣Ⅴ	0	0	0	0	0	0	0	0	0	0	0

（2）深圳水质改善十分有限

深圳市2006—2016年河流水质中劣Ⅴ类占的比例一直很高，达80%。龙岗河、坪山河、深圳河河口断面和砖码头断面一直处在劣Ⅴ类的级别，深圳河径肚断面河流水质有明显好转，由2006年的Ⅳ类水转变为2016年的Ⅱ类水。

（3）佛山、广州水质总体改善

2006—2016年，佛山、广州市水质总体改善，佛山水道、平洲水道、市桥水道、珠江河广州河段猎德断面水质劣Ⅴ类水体在2008年得到全面消除。随后，水质逐渐稳定且逐步好转，目前两市仅佛山水道罗沙断面、珠江河广州段长洲断面未达到目标水质，其余河流均达到了目标水质要求。

（4）珠海水质有所下降

珠海市2006—2016年河流水质呈现略微恶化的趋势，虽然该市不存在劣Ⅴ类水质，但是Ⅳ类水质比例明显增加，由2006年的40%增加到2016年的60%，主要是前山河从2014年开始3个断面水质均一直维持在Ⅳ类。

（5）其余城市水质稳定且较好

中山、惠州、江门、肇庆水质总体较好，且2006—2016年河流水质比较稳定，一直维持在Ⅱ类和Ⅳ类之间。其中最好的为肇庆市，2006—2016年河流水质都为Ⅱ类水级别，监测的绥江和西江肇庆段所有断面水质都为优；江门市全部监测河流水质都为Ⅲ类水以上的类别；中山和惠州以Ⅱ类和Ⅲ类为主，但仍有Ⅳ类水质。

（6）香港水质显著改善

根据历年来香港河溪水质监测数据，从水质指数可见，香港的河溪水质在过去30年有所改善，特别是2000年以后极劣水质显著减少，2012—2016年未出现极劣水质（图10-3）。2016年有84%的监测站水质被评为极佳或良好等级，相比1987年只有26%的监测站水质达到该两项评级，反映了河溪水质已大幅改善。

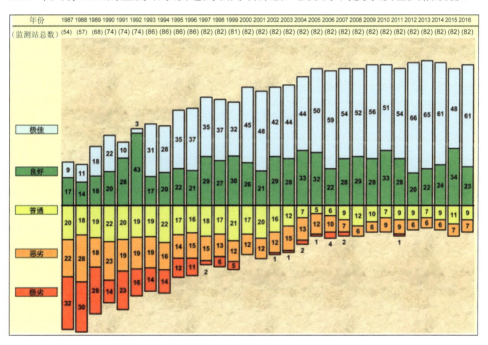

引自：香港环境保护署官网发布的《2016年香港河溪水质》。

图10-3　1987—2016年香港内陆河溪水质指数评级

第三节 河流环境问题及原因

一、黑臭水体大量存在，河流水质难达标

1. 黑臭水体数量较多

根据 2013 年广东省政府发布的《广东省水污染防治行动计划》，粤港澳大湾区内地 9 市共有 153 条黑臭水体（表 10-5），其中重度黑臭 73 条，轻度黑臭 80 条，以广州和深圳数量最多。2017 年，在住房和城乡建设部与环境保护部公布的重点挂牌督办黑臭水体名单中，粤港澳大湾区共有 27 条河流被点名通报，分别为广州 10 条、深圳 17 条，占全国的 13%，占广东省的 100%；另外，粤港澳大湾区河流列入广东省年重点挂牌督办的 20 条黑臭水体中，中山 3 条，珠海 2 条，佛山、惠州和东莞各 1 条，占总数的 40%。

表 10-5 粤港澳大湾区黑臭水体数量　　　　单位：条

城市	黑臭河流总体	其中重度	其中轻度
广州	35	3	32
深圳	44	29	15
珠海	12	7	5
佛山	6	—	6
江门	6	6	—
肇庆	2	2	—
惠州	27	8	19
东莞	10	9	1
中山	11	9	2
合计	153	73	80

数据来源：2013 年广东省人民政府印发的《广东省水污染防治行动计划》。

2. 水质持续改善较为困难

2016 年，粤港澳大湾区劣于Ⅲ类水的河长占总河长的 32.3%（低于全国平均水平 23.1%），其中劣Ⅴ类水的河长占 12.9%，水功能区个数达标率为 50.5%，流域河长达标率为 50.3%。部分河流水质较好，但持续改善较为困难，难以达到功能区划水质目标要求。最为典型的就是东江水系，东江、东江北干流目标水质为Ⅱ类水，东莞境内的东江北干流 2 个断面及东江断面水质曾经达到过Ⅱ类水，但难以稳定达标，目前均为Ⅲ类水。

二、管网建设缺口较大，污染排放总量巨大

1. 污染负荷高度集中

粤港澳大湾区（内地 9 市）承担了全省 64%的工业污染和 74%的生活污水，目前年污水排放量近 80 亿 t，其中生活污水近 40 亿 t，工业废水近 28 亿 t。与此同时，粤港澳大湾区乡镇企业发展迅猛，广东省 7 000 多家镇、村二级污染型企业中有 6 000 多家分布于粤港澳大湾区内地 8 个城市，这些企业规模小、布局分散，普遍缺乏有效的污水处理设施，大量污水排入江河，导致城乡之间点面交错的污染，给区域生态环境造成严重破坏。

2. 污水收集设施缺口较大

粤港澳大湾区经济、人口发展迅猛，管网等城市基础设施建设速度远远不及城市和人口发展速度。广州市"十二五"计划建设 1 884 km 污水管网，实际只完成目标任务的 31%，中心城区管网密度仅 2.86 km/km^2；中山市 2012 年以来投资约 21 亿元建成 949 km 管网，但由于工程质量不高，全市污水收集率几乎没有提高。而东京、纽约和旧金山管网密度分别为 15.19 km/km^2、15.30 km/km^2 和 11.94 km/km^2，污水收集率基本达到 100%，而单位 GDP 用水量分别为 2.16 m^3/万元、3.54 m^3/万元和 4.31 m^3/万元，远远低于深圳的 11.37 m^3/万元、广州的 33 m^3/万元。

三、跨界河流数量较多，流域合作治理难

1. 跨界河流数量较多

珠三角河网密布，如同毛细血管般，河流成为许多城市、地区的地理边界，或流域面积涵盖不止一个城市，粤港澳大湾区流域面积大于 100 km² 的大型跨界河流达 48 条。而这些跨界地区往往更容易出现严重的河流污染问题，如深圳和惠州、东莞，广州和佛山、东莞，中山和珠海，佛山和肇庆等均存在突出的双边或多边跨市区污染问题。行政边界河流中，较为突出的为深圳和东莞交界的茅洲河，其污染问题十分突出，主要原因是合作管控机制的缺失，河流两侧大量的工业污染物直排入河，导致河流污染物严重超负荷。而流域范围跨行政区的河流中，较为典型的就是淡水河的问题，深圳市作为上游，污染物贡献率占到 80%以上，而惠州的贡献却不到 20%，但水质的污染问题却主要出现在惠州。

2. 流域治理推进难度大

目前粤港澳大湾区以流域为单元的治理模式已经基本确定，但实际操作难度较大。主要原因在于：一是流域治理问题涉及多个职能部门，与市政、环保、生态、水利等不同专业和部门息息相关，相关的体制机制尚未建立；二是流域管理涉及行政区划问题，目前还缺乏一个职能齐全、权限充分的流域机构来负责协调各行政区划相互之间的分工与配合；三是流域治理还涉及时间跨度问题，其中的很多污染问题或污染源治理问题由于时间关系而常常无法确定治理的责任主体；四是粤港澳大湾区小河涌及跨流域、跨区域河流数量均十分巨大，在大江大河重点治理的基础上，如何针对小河涌进行精细化治理也是亟须解决的问题。

第十一章

粤港澳大湾区近岸海域环境质量现状及变化趋势

利用粤港澳大湾区（未包含香港和澳门）海域 2011—2016 年的近岸海域水质监测信息，分析湾区近岸海域水质空间分布特征和历年水质变化趋势。

第一节 近岸海域水质现状

总体上看，2016 年粤港澳大湾区近岸海域水质表现为湾区中间位置（珠江口）水质较差，珠江口西岸次之，珠江口东岸水质较好；越靠近近岸水质越差，如江门市镇海湾海水水质劣于川山群岛，珠江口入海口水质最差，向外侧延伸水质有所改变。主要污染物为无机氮和活性磷酸盐。

从各湾区来看（表 11-1），各湾区水质差异较为明显。其中，大亚湾、大鹏湾 2016 年大部分海域为清洁或较清洁海域，海水符合一类、二类海水水质标准，仅个别站位春季、冬季无机氮和活性磷酸盐指标劣于四类海水水质标准；深圳湾以劣五类为主，2016 年全年大部分海域无机氮和活性磷酸盐指标劣于四类海水水质标准；珠江口内伶仃岛以北海域和珠江口内伶仃岛至三角岛海域 2016 年全年均出现个别站位无机氮和活性磷酸盐指标劣于四类海水水质标准；万山群岛总体水质较好，大部分符合一类、二类海水水质标准，但个别站点出现夏季无机氮指标劣于四类海水水质标准；横琴岛至高栏列岛水质以劣于四类为主，2016 年全年局部海域均出现部分站位无机氮和活性磷酸盐指标劣于四类海水水质标准；黄茅海、广海湾、镇海湾、川山群岛总体水质较好，为清洁或较清洁海域，仅个别站点部分季节出现无机氮和活性磷酸盐劣于四类海水水质标准。

表 11-1　2016 年粤港澳大湾区重要海湾水质情况

海湾	水质标准	主要污染物
大亚湾	大部分一类、二类，局部劣四类	无机氮和活性磷酸盐
大鹏湾	大部分一类、二类，局部劣四类	活性磷酸盐
深圳湾	劣四类	无机氮和活性磷酸盐
珠江口内伶仃岛以北海域	局部劣四类	无机氮和活性磷酸盐
珠江口内伶仃岛至三角岛海域	局部劣四类	无机氮和活性磷酸盐
万山群岛	大部分一类、二类，局部劣四类	无机氮
横琴岛至高栏列岛	劣四类	无机氮和活性磷酸盐
黄茅海	局部劣四类	无机氮和活性磷酸盐
广海湾	局部劣四类	无机氮
镇海湾	局部劣四类	无机氮
川山群岛	大部分一类、二类，局部四类	无机氮

香港方面，根据香港环境保护署公布的《2016 年香港海水水质》，香港海域 76 个水质监测站进行海水监测，香港海水水质指标整体达标率为 86%。溶解氧水质指标不达标的情况主要发生在吐露港及赤门水质管制区和后海湾水质管制区，总无机氮水质指标不达标的情况多发生在南区水质管制区和西北部水质管制区，其次为维多利亚港水质管制区。

澳门方面，根据《2016 年澳门环境状况报告》，澳门 2016 年沿岸水质总评估指数、重金属评估指数及非金属评估指数均较 2015 年有所下降，表明沿岸水质较 2015 年有所改善，污染较重的区域集中在内港、南湾及外港（靠近珠海和珠江口一侧）。

第二节　近岸海域水质变化趋势

总体上看，2011—2016 年，粤港澳大湾区重点湾区水质总体变化不大。

（1）东部海域水质持续较好

大亚湾和大鹏湾水质一直处于较好状态，只有靠近惠州一侧的水质出现超标（表 11-2），超标的污染物主要为石油类和活性磷酸盐（表 11-3）。

表 11-2 2011—2016 年粤港澳大湾区重要海湾水质情况

湾区	年份					
	2011	2012	2013	2014	2015	2016
大亚湾	大部分一类、二类，局部劣四类	大部分一类、二类，局部四类	大部分一类、二类，局部四类	大部分一类、二类，局部劣四类	大部分一类、二类，局部劣四类	大部分一类、二类，局部劣四类
大鹏湾	一类、二类	一类、二类，局部三类	一类、二类，局部三类	一类、二类，局部四类	局部劣二类	大部分一类、二类，局部劣四类
深圳湾	劣四类	四类	劣四类	劣四类	劣四类	劣四类
珠江口内伶仃岛以北	劣四类	四类	劣四类	劣四类	劣四类	局部劣四类
珠江口内伶仃岛至三角岛	劣四类	四类	劣四类	劣四类	劣四类	局部劣四类
万山群岛	大部分一类、二类，局部四类	大部分一类、二类，局部四类	大部分一类、二类，局部四类	大部分一类、二类，局部四类	大部分一类、二类，局部四类	大部分一类、二类，局部劣四类
横琴岛至高栏列岛	大部分一类、二类，局部四类	大部分一类、二类，局部劣四类	大部分一类、二类，局部劣四类	大部分一类、二类，局部劣四类	大部分一类、二类，局部劣四类	劣四类
黄茅海	大部分一类、二类，局部四类	大部分一类、二类，局部四类	大部分一类、二类，局部四类	大部分一类、二类，局部四类	大部分一类、二类，局部四类	局部劣四类
广海湾	大部分一类、二类，局部劣四类	大部分一类、二类，局部四类	大部分一类、二类，局部四类	大部分一类、二类，局部劣四类	大部分一类、二类，局部劣四类	局部劣四类
镇海湾	大部分一类、二类，局部劣四类	大部分一类、二类，局部三类	大部分一类、二类，局部三类	大部分一类、二类，局部三类	大部分一类、二类，局部三类	局部劣四类
川山群岛	大部分一类、二类，局部三类	大部分一类、二类，局部三类	大部分一类、二类，局部劣四类	大部分一类、二类，局部三类	大部分一类、二类，局部三类	大部分一类、二类，局部四类

表 11-3 2011—2016 年粤港澳大湾区重要海湾超标污染物

湾区	年份					
	2011	2012	2013	2014	2015	2016
大亚湾	活性磷酸盐	活性磷酸盐	活性磷酸盐	活性磷酸盐	无机氮和活性磷酸盐	无机氮和活性磷酸盐
大鹏湾	—	石油类	石油类	活性磷酸盐	石油类	活性磷酸盐
深圳湾	无机氮和活性磷酸盐	无机氮和活性磷酸盐	无机氮和活性磷酸盐	无机氮和活性磷酸盐	无机氮、活性磷酸盐和化学需氧量	无机氮和活性磷酸盐
珠江口内伶仃岛以北	无机氮和活性磷酸盐	无机氮、活性磷酸盐和化学需氧量	无机氮、活性磷酸盐和石油类	无机氮、活性磷酸盐和溶解氧	无机氮和活性磷酸盐	无机氮和活性磷酸盐
珠江口内伶仃岛至三角岛	无机氮、活性磷酸盐和化学需氧量	无机氮和活性磷酸盐	活性磷酸盐	无机氮	无机氮	无机氮和活性磷酸盐
万山群岛	无机氮	无机氮	无机氮	无机氮	无机氮和活性磷酸盐	无机氮
横琴岛至高栏列岛	无机氮	无机氮	无机氮	无机氮和活性磷酸盐	无机氮和活性磷酸盐	无机氮和活性磷酸盐
黄茅海	无机氮和活性磷酸盐	无机氮	无机氮	无机氮和活性磷酸盐	无机氮和活性磷酸盐	无机氮和活性磷酸盐
广海湾	无机氮和活性磷酸盐	无机氮	无机氮	无机氮	无机氮	无机氮
镇海湾	活性磷酸盐	无机氮	无机氮	无机氮和石油类	无机氮和活性磷酸盐	无机氮
川山群岛	石油类	无机氮	无机氮	无机氮和石油类	无机氮和活性磷酸盐	无机氮

（2）珠江口海域水质持续较差

2011—2016 年，珠江口、深圳湾海域水质污染依然很严重，并无任何改善，大部分水质为劣四类（表 11-2），主要污染物为无机氮和活性磷酸盐（表 11-3）。

（3）西部海域水质较为稳定

2011—2016 年，横琴岛至高栏列岛、黄茅海、广海湾、镇海湾水质变化不大，水质大部分为一类、二类，局部劣四类（表 11-2）。由于这些海湾靠近城区，所以都会出现个别站点水质超标的情况，超标污染物主要为无机氮。川山群岛和万山群岛湾区距城市较远，所以水质较好且稳定。

（4）香港、澳门水质总体呈好转趋势

香港海水水质自 1998 年以后整体达标率显著提高，2016 年的指标整体达标率为近年来的较高水平。澳门 2016 年海域水质总评估指数、重金属评估指数及非金属评估指数等指标大幅下降至近 10 年新低，海水水质达到历史最好。

第三节　近岸海域环境问题及原因

一、陆域排污量大，海水富营养化严重

陆域排污量巨大。珠江口近几年来一直是广东省污染最严重的海域，也是除渤海湾后全国受污染最严重的海域。广州市、东莞市、中山市几乎全部近岸海域受到严重污染，深圳市西部海域、珠海市部分近岸海域污染也较为严重。主要原因是该部分区域陆域城市较为发达，城市向海域排放的污染物总量较为巨大，仅珠江和深圳河向珠江口和深圳湾排入的污染物每年就超过 200 万 t（图 11-1 和图 11-2），且呈上升趋势。

图 11-1　珠江向珠江口海域排污量

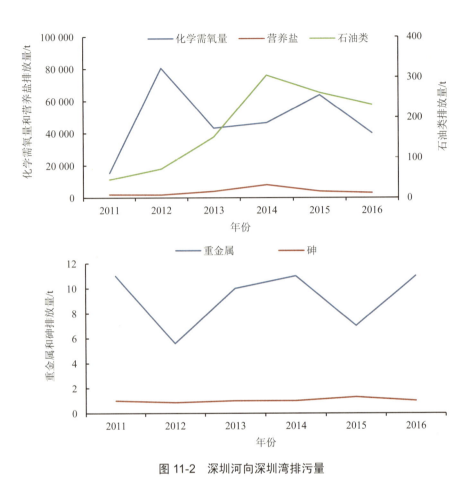

图 11-2 深圳河向深圳湾排污量

二、近岸产业密集,污染事件较为频发

1. 近岸产业密集,高风险企业居多

随着粤港澳大湾区岸线的大量开发,特别是石化、钢铁、造纸等重点产业带动的沿海聚集区的大面积开发建设,使滩涂湿地面积大量减少,导致港口湾内生境退化、海岸侵蚀加剧、海洋污染富集等生态风险。

2．船舶溢油风险大

近 25 年来发生在珠江口水域船舶溢油量在 100 t 以上的污染事故有 10 宗，其中最大溢油量为 1 200 t，最小溢油量为 100 t，平均溢油量 400 t。"十一五"期间，广东投资了 1 800 亿元建设石化行业，水上溢油的风险也同步大幅增加。以惠州港为例，2010 年占广东省海岸线 5.4%的惠州海岸，有中海壳牌南海石化 80 万 t 乙烯项目、中国海油惠州 1 200 万 t 炼油项目、广州石化华德油库项目、国家石油储备惠州油库、泽华油库等多家炼油、石油化工、成品油储运企业，船舶危险货物年运输量 3 000 多万 t，占广东省年运输量的 18%。而且超大型油船多，2009 年 10 万 t 级以上油船通航量为 110 艘次，2010 年上半年，每周有 2～3 艘 15 万 t 以上的超级油船进出惠州港。由于超大型油船船型大，避让和旋回性能差，对进出港和靠离泊操纵要求高，极易导致碰撞或搁浅，发生船舶溢油事故。然而，惠州港区域内配置的 2 艘专业清污船，5 家企业设有兼职防污应急队伍，储备围油栏 15 000 余 m，消油剂 50 余 t，吸油材料 100 余 t，应急设备和器材的配备以及应急反应队伍都不能满足惠州港可能发生重大溢油事故的处置要求。

第十二章
粤港澳大湾区饮用水水源环境现状及问题分析

第一节 饮用水水源水质现状

粤港澳大湾区城市饮用水水源和地下水水源清单及水质现状见表 12-1 和表 12-2。

表 12-1 地级以上城市集中式饮用水水源水质

地市	水源地类型	水源地名称[括号内数字为服务人口（万人）]	服务总人口/万人	水质现状
广州市	河流型	顺德水道南洲水厂水源（200.03），东江北干流刘屋洲水源（189.31），沙湾水道沙湾水厂水源（45），广州西江引水水源（524），沙湾水道黄阁水厂水源（26），沙湾水道东涌水厂水源（50），流溪河花都段水源供东部、石角水厂（55.7），流溪河从化第三水厂水源（27），增江河柯灯山水厂水源（42）	1 159.04	Ⅲ类
	水库型	秀全水库	5	Ⅲ类
深圳市	水库型	罗田水库（17.4），清林径水库（47.75），三洲田水库（36.55），石岩水库（221.94），松子坑水库（40.08），铁岗水库（161.72），铜锣径水库，西丽水库（88.61），梅林水库（2.37），径心水库（26.27），赤坳水库（41.27），枫木浪水库（17.47）	701.43	Ⅲ类

地市	水源地类型	水源地名称[括号内数字为服务人口（万人）]	服务总人口/万人	水质现状
珠海市	河流型	磨刀门水道广昌水源（120），磨刀门水道平岗水源（120），黄杨河泵站（43.24），竹洲头泵站水源（120）	403.24	Ⅱ类
	水库型	大镜山水库（120），竹仙洞（120），杨寮水库（120），乾务水库（43.24），竹银水库（120）	532.24	Ⅱ类（2/5）、Ⅲ类（3/5）
佛山市	河流型	东平水道西南水厂水源（16），南海第二-金沙水厂水源（78），河洲岗-金本水源（200），西江干流高明水厂水源（24），北江水厂水源（36），紫洞水厂水源（15），潭州水道东平河沙口（石湾）水厂水源（50）	419	Ⅱ类（1/7）、Ⅲ类（6/7）
惠州市	河流型	东江虾村（30），东江下源（34），东江谭屋角（26.58），东江江东村（18），西枝江小布（30）	138.58	Ⅱ类
	水库型	沙田水库（2），风田水库（12），白沙河水（11.35）	25.35	
东莞市	河流型	东江南支流（265），中堂水道水（130）	395	Ⅲ类
中山市	河流型	全禄水厂（80），大丰水厂（55）	135	Ⅱ类
肇庆市	河流型	西江德庆县水厂饮用水水源（5），贺江封开县自来水厂和河南水厂（7.2），西江东区水厂饮用水水源（5），西江南岸水厂饮用水水源（10），绥江东乡饮用水水源（11），绥江怀集县城区（10），绥江贞山水厂和四会水厂饮用水水源（28），肇庆市北江大旺区白沙饮用水水源（10），西江三榕水厂水源（44）	130.2	Ⅱ类（5/11）、Ⅲ类（6/11）
	水库型	九坑河水库	6	Ⅲ类
江门市	河流型	西海水道篁边水源（87.8），西海水道新沙水源（41），江南干渠（20），西江东（30）	178.8	Ⅱ类（1/2），Ⅲ类（1/2）
	湖库型	锦江水库，大沙河水库（28），龙山水库（27），石花山水库（8.7），板潭水库（8.7），塘田水库（8.6）	91	Ⅱ类（2/3），Ⅲ类（1/3）

地市	水源地类型	水源地名称［括号内数字为服务人口（万人）］	服务总人口/万人	水质现状
顺德区	河流型	藤溪水厂饮用水水源（6），容奇-桂洲水厂饮用水水源（33.6），乐从水厂饮用水水源（25.5），顺德水道顺德供水水源（113）	178.1	Ⅲ类
香港	水库型	深圳水库		Ⅱ类
澳门	河流型	西江		Ⅱ类

注：数据引自《南粤水更清行动计划（修订本）（2017—2020年）》。

表 12-2 地下水水源水质监测综合评价结果

地市	点位名称	水质综合评价
广州市	广州市花都区雅瑶车辆保温段	较差
	广州市白云区三元里矿泉	较差
	广州市白云区神山大石岗村	良好
	广州市白云区太和镇永兴村和兴街	较差
	广州市白云区江高镇塘贝村南东 500 m	较差
	广州市花都区花东街花东粮所	较差
	广州市花都区赤坭环球塑料厂（白坭）	良好
	广州市花都区炭步藏书院村	良好
	广州市花都区炭步新太村工作站（部队）	较差
深圳市	深圳市福田区老干中心	优良
	深圳市南山区仓前村	优良
	深圳市龙岗区幼儿园	优良
	深圳市南山区汇雅苑	较差
佛山市	佛山市面粉厂	较差
	佛山市南海区松岗宝丽洗涤剂厂	较差
	佛山市南海丹灶沙窖村	较差
	佛山市高明富湾李家村	较差
惠州市	惠州市惠城区技术学校	较差
	惠州市马安镇上寮村甲鱼养殖场	较差
	惠州市广东省地质局七〇三地质大队	良好

地市	点位名称	水质综合评价
江门市	江门市西区工业区三桁瓦厂区内车间侧	较差
	江门市江海区社前里下路 4 巷 4 号	较差
	江门市礼乐镇三多里 2 号 10 m 处	较差
	江门市蓬江区潮连豹岗临安 9 号	良好
肇庆市	肇庆市郊兰塘沉婆岗	较差
	肇庆市二塔渡口	较差
	肇庆市 719 队供水井	优良
	肇庆市凤岗村	较差
	肇庆市下黄岗东禺村	优良

注：数据引自《南粤水更清行动计划（修订本）（2017—2020 年）》。

饮用水水源方面：从区域位置看，粤港澳大湾区西部水质要优于东部，如东部城市广州、深圳、东莞水质都为Ⅲ类，西部城市大部分为Ⅱ类和Ⅲ类；从水源源头看，水源上部优于下部，如惠州水质为Ⅱ类，东莞和深圳水质都为Ⅲ类；从供给水系看，西江水系水质优于东江水系，如西江水系供给城市肇庆、珠海、江门和中山的水质大都为Ⅱ类和Ⅲ类，而东江水系供给城市深圳、东莞的水质为Ⅲ类。从各个城市来，所有粤港澳大湾区城市的水质都为Ⅲ类以上，其中广州、深圳、东莞和顺德区水质为Ⅲ类；珠海、佛山、肇庆和江门水质稍好，大部分都为Ⅱ类和Ⅲ类；香港、澳门、惠州和中山市水质最好，全部为Ⅱ类。

地下水方面：粤港澳大湾区地下水水质整体较差，尤其是广州、佛山、惠州、江门和肇庆，地下水监测点位水质大都为较差水平。

第二节　饮用水水源水质问题及原因

一、水资源分配不均，用水结构不合理

粤港澳大湾区经济和人口重心在东部，而水资源重心在西部，造成西江流域水资源丰富但开发利用程度低（仅 1.3%左右），而东江流域水资源开发利用程度

过高,正在实施且已经满负荷的分水方案,难以支撑该流域各地社会经济继续增长的用水需求。2016 年东江水资源开发利用率为 35.3%,已达到极限,不宜再增加取水量。

二、供排水设施缺失,交错污染严重

由于区域供排水格局缺乏统筹,各市之间供水、排水矛盾不断加剧,各城市往往向河道上游取水、向下游排污,导致下游城市的饮水受到污染,使得跨区污染问题异常突出,长期存在的缺水及水环境问题无法得到彻底解决,严重阻碍了粤港澳大湾区水资源的可持续利用。粤港澳大湾区水质劣于Ⅲ类的河段占总评价河长的 42.7%,其中城市河段污染较为严重,生态环境建设及生态恢复能力不足,部分水库水质呈现富营养化状态(表 12-3)。

表 12-3　粤港澳大湾区主要排水通道

水系	排水通道名称	主要河道	主要服务区域
东江	潼湖水—石马河—东引运河	潼湖水、观澜河、石马河、东引运河	深圳、惠州、东莞
	深圳排水通道	深圳河(独立入海)、茅洲河(独立入海)	深圳、东莞
西北江	广佛北部排水通道	佛山水道及其支汊、平洲水道、前航道、后航道、三枝香水道、沥滘水道、黄埔水道、狮子洋水道	广州、佛山
	广佛中部排水通道	陈村水道、市桥水道、沙湾水道大刀沙以下段、蕉门水道	广州、佛山
	广佛南部排水通道	顺德支流、容桂水道下游段、洪奇沥水道	广州、佛山、中山
	石岐河排水通道	石岐河、横门水道	中山
	前山河排水通道	前山河	珠海、中山
	鸡啼门排水通道	鸡啼门水道井岸以下河段	珠海
	江门排水通道	江门河、江门水道、礼乐河、潭江新会河口以下、银洲湖	江门

注:资料来自《南粤水更清行动计划(修订本)(2017—2020 年)》。

三、突发水污染事件高发，饮用水安全存在风险

随着海平面的上升和极端气候的频发，咸潮发生的频率和上溯的距离将不同程度加剧，对粤港澳大湾区沿海地区供水安全构成不可忽视的威胁。另外，珠江流域经济活动的迅猛发展，也导致突发性水污染事件的屡屡发生，给社会造成较大的影响，已成为粤港澳大湾区供水安全的不稳定因素。北江流域部分河段2003—2014年共发生22起突发性水污染事件（表12-4），其中2005年12月15日，广东北江韶关段出现严重镉污染，高桥断面检测到镉浓度超标12倍多，危及广州和佛山等地区用水安全；2010年10月18日发生北江流域铊污染事故，这两次严重事故都是由韶关冶炼厂违法排放废水所致。

表12-4 北江流域2003—2014年突发性水污染事件

主要原因	类型	数量/件	占比
安全生产事故	企业安全生产泄漏、饮用水管网污染、施工引起的污水外溢	2	9
企业排污	企业违规偷排、废液废渣非法倾倒	8	36
交通事故	道路交通事故泄漏、航运泄漏	6	27
污水直排	地区污水直排、污水处理厂溢流事故	3	14
自然事故	自然灾害等	3	14

四、高危行业较多，饮用水质污染加剧

珠江流域的西江、北江、东江水系水质按照水质优良排名，西江＞北江＞东江。西江水系整体水质较好，北江流域由于上游矿业较多，采矿废水排放造成北江流域水质也出现高浓度的污染。水质最差为东江流域，根据广东省第一次全国污染源普查2013年更新资料，以及东江各市东江流域化学品调查的结果统计，东江流域工业总产值约6 000亿元，流域工业废水产生量2.6亿t，工业废水排放量2.4亿t。排放废水的企业10 842个；化学需氧量产生量13.6万t，排放量2.9万t；氨氮产生量2 674 t，排放量894 t；生化需氧量产生量1.9万t，排放量2 915 t；石油类产生量1 524 t，排放量460 t。东江主要排污口在东莞、惠州、河源三市，共34个，其中来自深圳淡水河的污水汇入西枝江，对东江中上游水质影响较大。

并且东江流域广州、深圳、东莞、惠州 4 个市的电子、化工、印染、造纸、制药行业污染巨大，其中惠州化工产业的影响最为突出（表 12-5 和表 12-6）。

表 12-5　粤港澳大湾区东江水系排污量　　　　　　　　　　　　　单位：t

地区	电子	化工	印染	造纸	制药
广州	795	34 403	126 734	405 461	0
深圳	267	9 996	1	2 620	2 765
东莞	28 056	141 395	37 752	254 371	204
惠州	103 420	3 684 033	6 514	502	349
合计	132 538	3 869 827	171 001	662 954	3 318

表 12-6　粤港澳大湾区污染行业排污城市排放比例　　　　　　　　单位：%

地区	广州	深圳	东莞	惠州	合计
电子	0.60	0.2	21.17	78.03	100.00
化工	0.89	0.26	3.65	95.20	100.00
印染	74.11	0.00	22.08	3.81	100.00
造纸	61.16	0.40	38.37	0.08	100.00
制药	0.00	83.33	6.15	10.52	100.00

第十三章

粤港澳大湾区土壤环境现状及问题分析

第一节 土壤环境现状

目前，全国土壤环境质量调查尚处于起步阶段，粤港澳大湾区各城市暂无翔实的环境质量调查数据，仅根据早期的相关专项调查初步了解粤港澳大湾区的土壤环境质量状况。

珠三角地区拥有得天独厚的富硒土地资源，总面积达 11 677 km^2，土地环境质量整体尚好。区内土壤环境质量以一级和二级土壤为主，占总面积的 77.2%，适宜发展无公害农产品和绿色农产品的产地面积所占比例分别达 82.5%和 52.4%。但同时，三级和劣三级土壤占比达 22.8%，重金属元素异常主要分布于广州—佛山及其周边经济较为发达的地区，土壤环境质量属三级及劣三级的主要超标元素为镉、汞、砷。区内土壤钾、硫、铁、硼含量较丰富，氮、钼含量适中，磷、钙、镁、锰、锌含量较贫乏，总体上土壤中的植物营养元素较为贫乏。

第二节　土壤环境问题及原因

一、重金属超标严重，土壤本底数据不清

1. 土壤环境质量家底不清

土壤环境质量家底是开展土壤环境保护和污染防治工作的前提和基础。粤港澳大湾区现阶段尚未有系统的土壤环境调查数据，最近有关土壤环境质量的调查工作起始于 2005 年全国土壤污染状况调查。此调查以农村土壤为主，点位总数较少，点间距非常大，调查精度较为宏观，有机物污染并没有同重金属污染一样并驾齐驱，微观点源调查使得数据在说服力上仍显不足，尚难满足粤港澳大湾区土壤污染防治工作的需要。目前，粤港澳大湾区缺少精度相对较高、污染物类别更全面、时间间隔更为紧密的土壤污染状况调查，亟须查清土壤污染的具体分布及其环境风险，以全面掌握土壤环境质量家底，建立土壤环境数据库，更好地开展土壤环境保护和污染防治工作。

2. 土壤重金属超标严重

粤港澳大湾区经济发达，工业生产活动强度大，土壤重金属超标较为严重，典型区域的土壤重金属含量有明显的积累趋势。据 2013 年广东省农业厅、国土资源厅向全国人大代表汇报土壤污染情况时披露，粤港澳大湾区内地 9 个城市 28% 的土壤重金属超标，汞元素超标最高，佛山南海、江门新会、广州白云较严重，超标约 50%。另有研究显示，佛山城郊菜地的铜、锌、镍、铅、铬和镉分别超出广东省背景值 0.79 倍、1.75 倍、0.83 倍、0.31 倍、1.27 倍和 3.27 倍。广州市对近郊的污灌区普查结果表明，镉、铅、汞、锌等重金属含量均超过广东省土壤背景值，土壤污染进而引发农作物污染，污染区的稻谷镉、铅、汞平均含量分别为清灌区的 1 818 倍、2 412 倍和 619 倍；蔬菜镉、铬平均含量为清灌区的 50 倍和 135 倍。

二、污染源较多，污染物管控难度较大

粤港澳大湾区土壤污染源主要有工业污染、农业污染、生活污染3种。首先，塑胶、纺织、电子、五金等工业企业污水排放、固体废物、废气排放产生的工业污染物含有有机污染物、无机污染物、重金属等，这些污染物经地表径流、污水灌溉、大气干湿沉降等方式进入土壤。广东省农业厅从2002年开始调查农田土壤污染问题，结果显示，72%的土壤是符合要求的，28%的土壤污染超标，其中汞超标是最多的，其次是镉、砷，主要分布在广州—佛山及其周边经济较为发达的地区。主要原因是这些地区工业异常发达，工业生产特别是烧碱、汞化物的制作过程中产生的废水中含有大量的汞元素。其次，大面积使用的农药、化肥及农膜通过渗漏、淋溶等方式对土壤产生影响，从而使土壤酸性快速上升，土壤酸化造成了重金属的活性提高。据广东省农业部门的调查显示，1984年至今，粤港澳大湾区土壤的pH值下降了0.33个单位，人为因素使酸化速度比自然酸化的时间加快了将近70年。最后，生活垃圾、生活污水等生活污染物倾倒或排放对水体造成影响，经污水灌溉、地表径流等方式进入农用地后对农用地土壤产生影响。

三、监管体系缺乏，新型土壤污染蔓延

1. 土壤环境监管体系不健全

就全国来讲，土壤环境质量调查和管理工作起步较晚，基础较为薄弱。有关土壤污染防治的立法工作比较滞后，在2016年粤港澳大湾区各市才相继开展土壤污染摸底、排查工作以及后续的污染防治计划。同时，许多法案、条例尚处于草案、试行阶段，法制体系的构建还停留在摸索阶段。土壤环境监测、调查评估、风险管控、治理与修复、环境影响评价等技术规范和导则亟待开展制（修）订工作。土壤环境监管能力不足，市、县级环境监测机构土壤环境监测仪器设备、专业监测人员匮乏，大部分土壤污染治理与修复技术研究仍处于实验室阶段，对肽酸酯、激素类新型土壤污染的监测更为缺乏。此外，土壤环境监督执法、风险预警、应急体系建设也较为滞后，大气、水、土壤全要素协同监管机制尚未建立，土壤环境监测体系不健全。

2. 土壤环境质量标准过时

1995 年国家出台的《土壤环境质量标准》沿用至今，已经不能适应当前的土壤现状。很多指标也相对宽松，无法再与其他领域的指标对接。土没超标，但蔬菜中铅含量超标，就是因为与食品卫生标准比较，土壤的国标对铅含量的定值偏高。国家标准只规定了土壤中镉、汞、砷、铅、铬、铜、锌、镍 8 种重金属的指标，以及六六六、滴滴涕 2 种有机物的残留标准，现行的标准不仅包含的监测指标少、标准宽松，而且没有对土壤进行分类。近 20 多年，粤港澳大湾区土壤已经发生了翻天覆地的变化，除了重金属，很多有机污染更加严重，对人的危害也更大，但都没有监测的标准，也不会监测。从土壤的用途来看，不光是有农业用地，还有住宅用地、工业、商业用地等，但只有针对农业用地的标准。

3. 新型土壤污染发展迅速

除传统污染源外，粤港澳大湾区正面临新兴土壤环境污染源威胁——电子垃圾污染。电子垃圾中含有大量有毒物质，随意丢弃、焚烧、掩埋，会产生大量的废液、废气、废渣，严重污染土壤环境。联合国大学 2017 年的研究报告称，东亚和东南亚的废弃电子产品数量在 2010—2015 年增长了 63%。据悉，全世界电子电器废弃物有 80% 被运到了亚洲，其中 90% 在中国消化，而广州珠三角地带则是洋垃圾进口的重要基地。相关资料显示，英国每年出口 80 万 t 塑料垃圾，其中 50 万 t 左右出口至中国内地和香港。据报道，当前拆解电子垃圾的作坊仍然存在，电子产品在野蛮拆解后再经酸浸、火烧等原始工艺，之后任凭处置废液横流。而这些地下工厂已存在数年之久，并已形成了一个相当成熟的市场以及一套较为完整的产业经济体系，为污染防治工作的开展带来了困难。

一体化构建篇

第十四章
国外三大湾区生态环境治理经验借鉴

20 世纪 60 年代以来，各国掀起滨海湾区建设的浪潮，国外许多湾区凭借有利的海湾资源条件，实现了科学合理的发展，达到了整合区域资源、提升区域发展水平的目的，发展已十分成熟，其中最为著名的就是美国的纽约湾、旧金山湾和日本的东京湾，这些湾区都以林立的城镇、优美的环境、开放的文化氛围和便捷的交通系统著称。而这些湾区在发展的过程中也经历过严峻的环境问题，如东京湾海水污染严重，赤潮、青潮频发；纽约湾的大气污染物严重超标、湿地大面积退化；旧金山湾的臭氧污染严重，城市常年被烟雾笼罩等。通过从法律、经济、环境治理等多角度、多渠道环境保护措施的实施，各大湾区的污染问题已得到有效缓解甚至消失，生态环境不再成为其发展的"短板"，而成为其经济发展的良好依托。

第一节 东京湾区

一、湾区概况

东京湾区是位于日本首都圈中心位置的半封闭海湾（图 14-1），岸线总长约 1 650 km，总面积 1.35 万 km^2，有东京、横滨、川崎、船桥、千叶等 5 个大城市，以及市原、木更津、君津等工业重镇，形成了环东京湾的庞大城市群，是日本经济文化的核心，人口高度集中、产业密集，主导着日本城市和产业的发展。截至

2016年，东京湾区人口达3 783万人，GDP达1.3万亿美元，约占日本全国GDP的30%。东京湾区集中了钢铁、有色冶金、炼油、石化、机械、电子、汽车和造船等主要产业，制造业仍然是经济主体，但经济结构发生了巨大的变化，产业实现不断升级，第三产业比重约占82.3%，世界500强企业总部数量多达60家，既是制造业基地，也是金融中心、信息中心、航运中心、科研和文化教育中心及人才高地。东京湾区是日本铁路、公路、管道最为密集的区域，该区域东京地铁线路长326 km、人均道路面积10.3 m²、路网密度18.4 km/km²。东京湾区拥有横滨、横须贺、川崎、东京、千叶和木更津等大型港口，2015年港口集装箱吞吐量为766万TEU。

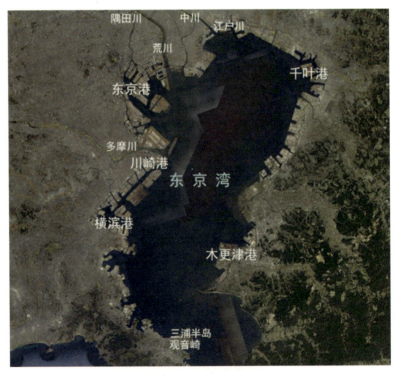

图14-1　东京湾位置

二、生态环境问题及其治理成效

东京湾区的环境问题主要集中发生于第二次世界大战之后，这一时期的东京湾区甚至日本全国，经济发展进入了高速增长期，钢铁、汽车、煤炭、电力等行业大规模爆发式增长，生产大规模的扩张造成了较为严重的工业污染，继而引发了一系列环境问题，其中大气环境污染、海水污染尤为突出。

1. 大气污染

由于日常发电、工业生产、汽车尾气排放带来燃烧残留物，东京湾区大气主要污染物 NO_2、SO_2、$PM_{2.5}$ 等均存在不同程度的超标。20 世纪 70 年代，东京湾区大气主要污染物 NO_2、O_3、SO_2 浓度超标曾分别高达 4 倍、5 倍和 6 倍左右，$PM_{2.5}$ 也在 2000 年前后超标 2 倍左右。大气污染不仅使城市上空烟雾弥漫，破坏了城市环境，还引发了多起光化学烟雾事件，影响了居民身体健康，甚至带来严重的经济损失。为此，东京都政府开展了一系列大气污染物来源的研究。例如，根据相关统计分析，$PM_{2.5}$ 产生的主要来源是日常发电、工业生产、汽车尾气排放等过程中燃烧而排放的残留物。

基于此，东京都政府采取多种行之有效的政策措施和技术手段持之以恒地治理大气污染，主要污染物浓度均不同程度下降，其中 SO_2、NO_2、PM_{10}、$PM_{2.5}$ 分别于 1985 年、2005 年、2000 年和 2008 年前后达标。截至 2010 年，SO_2、NO_2、O_3 浓度相较 1970 年下降幅度分别为 95.1%、58.5%、40.9%；截至 2012 年，PM_{10} 浓度相较于 1977 年下降 76.2%，$PM_{2.5}$ 浓度相较 2001 年下降了 45.4%。2011 年，大气测定局测定的 SO_2、悬浮颗粒（SPM）、NO_2 污染物达标率为 100%；汽车尾气测定局测定的 SO_2 浓度达标率为 100%，悬浮颗粒（SPM）、NO_2 污染物的达标率为 97%（表 14-1）。

表 14-1　东京大气污染物浓度达标情况

物质名称	环境基准	一般环境大气测定局（一般局）			汽车尾气测定局（汽尾局）		
		年平均浓度/10^{-6}	合格局数/测定局数	合格率/%	年平均浓度/10^{-6}	合格局数/测定局数	合格率/%
二氧化硫（SO_2）	1日平均值 $0.04×10^{-6}$	0.002 0	20/20	100	0.002 0	5/5	100
	1 小时值 $0.1×10^{-6}$						
悬浮颗粒（SPM）	1日平均值 0.10 mg/m^3	0.021	47/47	100	0.023	34/35	97
	1 小时值 0.20 mg/m^3						
二氧化氮（NO_2）	1日平均值 $0.06×10^{-6}$	0.019	44/44	100	0.027	34/35	97
微小粒子状物质（$PM_{2.5}$）	1年平均值 0.015 mg/m^3	0.016*	—**		0.018*	—**	
	1日平均值 0.035 mg/m^3						

* $PM_{2.5}$ 的年平均浓度表示一般局的 16 个监测点、汽尾局 12 个监测点的平均值。

** $PM_{2.5}$ 的东京内测定局（81 个局）的合格率评价于测量数据完备的下一年度实施。

2．水体污染

20 世纪 70 年代，由于人口和产业高度集中，工业废水、生活污水大量排放导致河流水质污染严重。从东京湾流域主要河流干支流监测情况看，总体上是主要河流上游郊区 BOD 浓度值较低，下游市区 BOD 浓度较高。主要河流携带大量有机负荷入海，加之填海造陆的影响从而引发海水污染，鱼和贝类不断减少，致使海底有机物蓄积腐烂，消耗海水中的氧气，导致海底的贫氧水团因潮流而浮上海面，在海面产生硫化氢，致使海水变青，形成青潮（图 14-2），在 1985 年前后多达每年 10 次左右。经一系列水环境治理措施后，各主要河流 BOD 浓度在 1970—1980 年下降明显，并处于不断下降趋势，目前已保持较低水平。青潮次数也在 1986 年后减少到每年 6 次，1995 年以后减少到每年 3 次左右，从长期来看呈减少趋势，且目前发生次数基本稳定。

图 14-2　东京湾青潮暴发照片

三、湾区生态环境治理经验

东京都政府针对环境污染问题，通过制定有针对性的法律法规、执行严格的环境标准体系、积极推动环保技术发展、调整产业结构等一系列措施来改善湾区环境质量，取得了显著效果。

1. 制定有针对性的地方性法规

为了有效缓解湾区环境污染问题，东京都政府不仅仅满足于具有普适性的国家层面的环境法，而是基于基本法，针对东京湾环境状况的特点，出台一系列地方性法律法规，走在了全日本环境保护立法的前端。例如，早在1949年东京就出台了《东京都工厂公害防治条例》，以工厂的设备及操作所产生的粉尘、有毒有害气体以及蒸汽等为限制对象，规定了新建工厂、设备改造和新增设备等的申报手续，并对容易产生大气污染的工厂实施责令改进设备、停止使用或限制作业时间等措施，成为日本最早开始对公害问题采取措施的城市。之后，针对工业公害、汽车对大气的污染和带来的噪声、振动等生活公害以及东京湾水质的污染和城市的垃圾等问题，东京都先后制定了《自然保护和恢复条例》《东京都公害控制条例》等。进入20世纪90年代，东京都又以建设环境保护型都市为目标，基于可持续发展的观念制定了《东京都地球环境保护行动计划》和《东京都环境基本条例》，规定了环境保护理念和环境保护的基本措施等。与此同时,针对水质改善、温室气体排放削减及防治地球变暖等,东京都政府先后制定了《东京都水边环境保护计划》《新东京都环境基本计划》《东京都新战略进程》《东京都大气变化对策方针》等,在加强环境治理针对性的同时,根据环境变化的趋势与时俱进,具有一定的前瞻性。

2. 执行严格的环境标准体系

日本的环境标准体系十分全面、严格,并根据实际情况的变化及时进行修订。如水质标准,根据水环境状况的改变及人们对各种化学物质性质了解的深入,先后修订了近 16 次,检测项目、分析方法等内容也有相应的增加和变更。从 1971 年仅制定 8 个健康项目、5 个生活环境项目,到 1993 年增至 23 个健康项目、7 个生活环境项目并增加了 25 个项目的"必要监视项目"类的监测;1999 年、2003 年及 2009 年又增加了硝酸氮、亚硝酸氮、氟、硼等项目。除环境质量标准项目的增减外,标准限值的更新也已经成为常规工作。例如,随着社会和科技发展及人类对镉的认识不断深入,日本将公共用水域中金属镉的标准值由≤0.011 mg/L 修订为≤0.003 mg/L。而对于空气污染物的排放标准,东京都按照《东京都工厂公害防治条例》中规定的燃料标准、设备标准、限制对象范围等内容,采取了比国家标准更为严格的大气污染排放标准,目前东京都对 $PM_{2.5}$ 的排放标准是亚洲最严格的,要求每天不超过 35 μg,全年平均不超过 15 μg。

3. 积极推动环保技术的发展

在大气污染治理的过程中,东京湾地区研发出一批世界领先的环保技术,不仅推动了当地环保产业的发展,更帮助工业产品出口到全世界。1970 年,为应对重油含硫量降低面临的"瓶颈",东京湾积极引入天然气资源,大力发展液化天然气海运,东京电力建设了全球第一座液化天然气火电厂。1973 年,本田思域采用复合涡流控制燃烧(CVCC)技术在全球首次实现美国提出的"马斯基"控制值,使机动车污染物排放较 1970 年的标准下降了 90%,同时还提高了燃烧效率。东京从 1975 年就开始推广无铅汽油,一方面降低铅排放,另一方面也促进了三元催化器的使用,使得日本的三元催化器技术保持世界领先。由于东京湾的环保技术长期处于全球领先水平，技术的输出降低了环境治理的成本，使得东京湾的大气污染治理进入了良性循环，不会过分依赖政府投入。

4. 建立完善的污水处理系统

东京除大力兴建污水处理厂、再生水厂外，其污水收集管网也十分密集。到2012年，东京市区下水道普及率达100%，服务面积1 064.34 km^2，下水道总长达16 168.8 km，密度达15.19 km/km^2，服务人口1 300万人，污水收集管网密度远高于粤港澳大湾区。以深圳为例，截至2014年，全市累计建成污水管网4 268 km，管网密度为5.26 km/km^2，按照东京市管网密度计算，深圳管网缺口8 340 km。

东京都政府还通过推广再生水循环系统来节约用水。如东京的圆顶室内体育馆就建有再生水循环系统，体育馆顶部接下来的雨水和洗碗后的水经过过滤后可以用来冲洗馆内的公共厕所。东京许多大的公共设施以及一些大型商业设施都采取了这样的再生水循环系统以节约用水。与此同时，东京都水道局还改革了给水、排水系统，采用"上、中、下"三水道的供水方式来节水。把经过处理后达标的部分工业和生活废水排入中水道系统，用以提供除生活用水以外对水质要求不高的城市供水，如洗车、城市清洁及城市绿化用水等；利用污水处理厂、扬水场等下水道设施的地面部分作为公园，用污水处理厂处理过的污水作为园内水池、水溪或浇灌植物用水，用下水道污泥作为公园植物肥料等，东京都的立川锦町污水处理厂就把处理后的污水引入立川公园的小河，使之清水长流。

5. 建立区域联控联治机制

东京都政府通过建立联防联控机制治理公害。针对东京湾水污染问题，东京都联合千叶县和神奈川县建立了联防联控机制（日本东京湾自治体环境保护会议），每年定期召开，共同协商采取统一行动，削减东京湾污染物排放总量，保护东京湾水环境。在大气污染治理过程中，东京都政府联合了周边的县、市，自发实施柴油车排放控制，形成由地方政府推动中央政府的模式，治理柴油车和颗粒物污染，最终影响国家政策。

6. 推动制造业转型为知识密集型工业

在 20 世纪 80 年代以前，东京一直是日本最大的工业中心，工业企业污染成为亟待解决的问题。为了改善环境质量，东京都政府从 1958 年开始就曾制定东京圈基本规划，每一次规划都对产业结构的调整方向、各产业的发展战略、主导产业和支柱产业的选择、产业地区布局等作出详细规定。从 20 世纪 60 年代起，东京的很多制造企业纷纷迁到横滨一带甚至国外。通过关闭或外迁重污染企业，促进产业结构转型，工业企业污染得到有效控制。随着日本经济从贸易立国逐步向技术立国转换，东京工业结构进一步调整，以新产品的试制开发、研究为重点，重点发展知识密集型工业，并将"批量生产型工厂"改造成为"新产品研究开发型工厂"，使工业逐步向服务业延伸，实现产业融合，形成了东京现代服务业集群。

第二节　纽约湾区

一、湾区概况

纽约湾地处美国东北部纽约州东南部，陆地面积约为 2.15 万 km^2，拥有超过 1 600 km 的海岸线。湾区的主要城市包括纽约市、纽瓦克市和新泽西市（图 14-3）。2016 年，纽约湾人口总数达 2 015 万人，约占美国总人口的 6.3%，GDP 达 2.1 万亿美元，贡献了全美 GDP 的 11.3%，第三产业占比 89.4%，是世界金融的核心枢纽与商业中心，全球 500 强企业高度聚集，同时还聚集着 100 多家国际著名的银行与保险公司的总部。纽约湾是世界上公交系统最繁忙的城市，交通网络发达，纽约地铁是美国纽约市的快速大众交通系统，也是全球最错综复杂、规模最大、最繁忙且历史悠久的公共地下铁路系统之一。纽约的机场也是全球最繁忙的机场之一，2015 年机场旅客吞吐量达 1.3 亿人次。纽约湾港区密布，航运发达，每天接纳来自世界各国的货物，通过河运、铁路、公路和航空运往各地，2015 年港口集装箱吞吐量为 465 万 TEU。

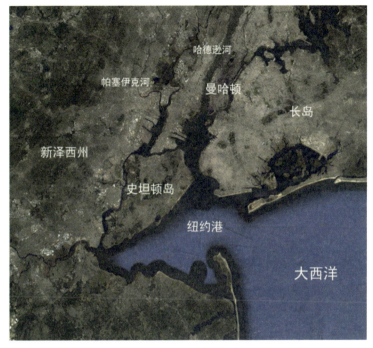

图 14-3　纽约湾区位

二、生态环境问题及其治理成效

纽约湾在发展过程中也曾出现较为严重的环境问题，其中主要包括大气污染和湿地面积减少等。

1. 大气污染

20 世纪 90 年代，由于工业生产排放废气及机动车数量大幅增加带来大量尾气，大气污染物 NO_2、SO_2、$PM_{2.5}$ 浓度较高，超过标准限值，其中 SO_2 及 NO_2 在 1990 年前后超标 2 倍之多。经过持续的大气污染缓解措施的实施，$PM_{2.5}$、SO_2、NO_2 浓度分别于 2002 年、2006 年、2010 年前后达到标准值。目前纽约湾大气污染已处于较低水平，主要空气污染物浓度均低于我国现行国家标准一级限值。

2. 湿地面积减少

20世纪初，纽约湾区曾拥有超过243 km² 的湿地。随着城市化的进程加快，纽约湾区相比20世纪初约损失了85%的潮汐湿地和超过90%的淡水湿地，上百公里的河岸带被城市建设填埋或破坏，湿地面积大幅减少（图14-4）。2002年以来，纽约已经恢复和重建66.8 hm² 的湿地。2009年，在Jamaica Bay地区，在地区军团、美国国家环境保护局、港务局及国家公园服务中心的协助下修复了32 hm² 湿地；另外，Gerritsen Creek流域恢复湿地8.9 hm²。迄今，纽约市现有湿地面积约36 km²，其中5 hm² 以上的湿地面积为22.7 km²，潮汐湿地6.9 km²、淡水湿地6.4 km²。

图14-4 纽约湾湿地过去和现在存量对比

三、湾区生态环境治理经验

通过立法、提高清洁能源比例、建设完善的公共交通系统和湿地保护建设等措施，纽约湾区的生态环境得到了有效的改善。

1. 三级立法构建法律体系

纽约之所以在环境保护方面领跑全国，就是因为其制定了全面、影响深远的环境标准和规制。为了应对环境的复杂性和解决起来牵涉面广的特点，美国基本上采用联邦、州、地区三级立法相结合的法律体系，一方面，通过各级法律相互依托和补充，形成一个完善的环境保护网络，为民众自发的环境诉讼和政府部门执行环境法规和标准提供依据；另一方面，兼顾区域差异，让城市能按照具体情况来设定环境保护的力度。如在湿地保护方面，联邦政府制定的《清洁水法案》规定了受保护湿地利用与开发必须通过国家陆军兵团的审批并接受纽约市环境保护局的监督，从而杜绝了对湿地资源的随意开发。州立的《潮汐湿地法》和《淡水湿地法》明确了湿地保护的具体对象，将所有潮汐湿地和 5 hm^2 以上的淡水湿地纳入保护范围。纽约市政府则负责制定更为详细的地方湿地保护条例与相关补偿标准。

2. 提高清洁能源比例

提高清洁能源比例是纽约政府在缓解湾区大气污染方面所采取的最行之有效的措施之一。针对大气污染，邦、州和市政府对煤、石油用量采取限制性政策，使纽约所有能源消费中，电力的使用比例高达 50%，而天然气、汽油与燃料油合计仅占到 40% 左右。2012 年，纽约市开始禁止含硫量高的 4$^\#$ 和 6$^\#$ 制燃料油在市场上出售；2013 年开始，州政府规定所有市场上出售的白燃料油的含硫量控制在 15×10^{-6} 以下，远低于之前的标准 2 000×10^{-6}。此外，纽约有全美国最多的使用清洁空气柴油混合动力和压缩天然气的公车，截至 2010 年，共有 3 715 辆混合动力出租车和清洁柴油车辆，占全市出租车辆总数的 28%，位居北美第一位。

3. 建立完善的公共交通系统

纽约市的公共交通体系非常完善，公共交通使用率为全美最高。2005 年的数据表明，有 54.6% 的纽约人乘公共交通上班；2006 年的数据表明，曼哈顿区公共交通的出行分担率高达 73.8%，其极高的公共交通使用率在当年就节省了 680 万 m^3 的石油消耗量，达到全美公共交通省油量的一半。纽约地铁是世界上最成熟的城市轨道交通系统之一，其线网共有地铁线路 24 条，线网总长度达 350 km，日平均客流量超过 520 万人，年平均客流量超过 16 亿人，承担着纽约市民 60%以上的出行分担率。纽约市的公共汽车路网遍布纽约市五大行政区，平均每天有 5 800 辆公共汽车载着 2.01 万人次的乘客，行走于 200 多条慢车线及 301 条快车线上，并在多处与地铁路网配合转乘，形成了便捷的交通网。此外，纽约市内的自行车道长度约达 1 000 km，为公共交通分担率的提升提供了条件。

4. 建立健全的湿地保护体系

纽约在湿地保护方面投入了大量的财力、物力和人力，目前已经形成了一套完善的湿地保护体系，主要经验借鉴有以下几点：

（1）通过湿地权属转移明确保护权责

最初，纽约的湿地所有权、管理权等情况较为复杂，且十分分散，严重影响了湿地保护的效率。为此，纽约市从 1980 年开始实行湿地管理权和所有权转移工作，陆续将城市湿地的管理权责集中到特定的保护部门，从而对湿地开展更为系统、全面的保护工作。2005 年，纽约市为此制定了第 83 条地方法规，特别设立了湿地转移任务专项小组，从技术、法律、环境和管理成本层面，专项负责对纽约市的湿地权属进行评估和转移。截至 2009 年，纽约市已将绝大部分受保护湿地的管理权和资源所有权转移到国家公园服务中心、纽约市公园与娱乐管理局和纽约市环境保护局 3 个部门名下，且这 3 个部门在湿地保护上有着明确的分工，分别负责大型的具有重要生态意义和跨区域湿地的保护、城市湿地的保护和各类小型湿地公园的运营及大多数具有防汛抗洪功能城市边缘湿地和野生动物栖息地的保护与管理，每个部门对管辖范围内的湿地具有完整的管理权，湿地内部的全部自然资源都在一个部门的管理之下，这与我国的一块湿地内七八个部门各管一类资源的情况差异明显。

（2）重点湿地、普通湿地分级管理

纽约市每年都有各种公共项目推动城市重点湿地的保护或修复。为了防止大型湿地与城市建设相冲突，纽约市制定了详细的水滨区域复兴项目规划，并在项目中设立了 3 处大型水滨自然保护区，这些区域在纽约市城市规划上是专门的湿地生态区，享有更严格的保护标准。除纽约市自身的湿地保护规划外，纽约还通过加入美国国家的海湾恢复治理项目，进一步对重要沿海湿地进行生态修复。纽约市政府与州政府和联邦政府一同合作的 Hudson-Raritan 河口湾生态项目是一个跨区域的大型湿地生态恢复项目，这其中就涉及很多纽约市的湿地生态系统。整个项目总共选取 296 个生态保护和恢复区、436 个对公众开放生态区，这些湿地也将成为纽约市政府重点保护的对象。在普通湿地的管理方面，纽约市兼顾保护成本和管理成效，主要有 3 种模式：一是将湿地保护与生态休闲服务相结合，主要针对与河流、湖泊、林地和草地等生态系统相连且比较零散的湿地。这部分工作大多由公园与娱乐管理局承担，将湿地及其周边的其他自然生态系统一同纳入城市公园的建设与管理；二是将湿地管理与城市暴雨防护带纳入建设运营中。这部分工作主要由纽约环境保护局负责，主要针对城市边缘的中小型湿地。因为这部分湿地往往对城市暴雨防护有着重要的作用，将其纳入城市防护带的管理中既有利于分担湿地保护的成本，又能够加强城市的生态安全；三是实施湿地的保护性开发。对于无法纳入以上两种体系的小型湿地，如果具有较好的经济开发价值，往往会采用协议租借的方式，由私人承担保护和恢复湿地的相关义务，同时私人可以获得湿地周边区域的开发使用权作为回报。

（3）多样化的资金投入保障

资金不足向来是各地环境保护的主要问题，纽约市采取了一系列办法以解决资金不足的问题。首先，积极将湿地保护纳入国家项目中。例如，将 Hudson-Raritan 河口湾生态恢复项目纳入国家项目（Harbor Estuary Program，HEP），这样联邦政府和州政府都将给予项目大量的财政支持，分担项目 50%～70%的经费开销。另外，将湿地保护融入全区域的生态修复体系中，有效形成了规模效应，分摊湿地保护的成本开销。其次，通过整体规划的方式进行区域内互相补偿，例如，水滨区域复兴计划将纽约市水滨地区根据功能和性质规划成不同区域，商业区和工业区的收入可以为湿地保护区提供有力的资金支持。再次，纽约市改变现有的湿地迁移制度和补偿制度。纽约市原先并没有自己的湿地银行，也不接受区域外的湿地转移，但为了弥补 Hudson-Raritan 河口湾生态恢复项目资金缺口的需要，纽约市开始在 Jamaica Bay 等重要的大型湿地生态区建立湿地银行，以市场化的手段吸收资金，减轻重点湿地恢复与保护带来的经济压力。最后，纽约市还积极地调动相关的非政府组织、利益相关方和公众加入到湿地保护中，Hudson-Raritan 河口湾生态恢复项目规定，任何通过了技术和财政审核的任何性质的组织都可以加入项目，负责运营和监督一些小型项目建设。

5. 推动城市转型与绿色发展

纽约通过加快城市转型与绿色发展，成为世界城市建设的典范，其城市转型的轨迹主要是通过产业的转型实现城市经济、社会、文化等全面转型，表现出由制造业到服务业再到高端的知识型服务业、文化服务业和绿色发展的演进历程。第二次世界大战之后，随着城市化、工业化进程的完成，原本作为纽约支柱产业的制造业开始逐渐衰退，为此，纽约加强部分制造业的技术升级和高端发展（如服装、印刷、化妆品、机器制造、军火生产、石油加工和食品加工等行业），积极发挥政府政策引导和市场的双向作用，加强制造业的转型升级和结构调整，在这一过程中，工业污染也随着制造业的衰退、转型和升级得到缓解。20 世纪末，服务业尤其是生产性服务业快速发展，第三产业成为纽约的支柱产业，实现纽约城市服务化转型。随着知识经济和全球经济一体化的到来，纽约城市转型顺应时代的潮流，产业结构进一步优化升级，主要表现为由传统服务业向知识密集型、技术密集型的高端服务业转变。在这一过程中，绿色发展和转型成为纽约的重要发展方向和基本趋势，大力发展环保产业和绿色产业成为纽约现代服务业发展的重要潮流，构建低碳、绿色、生态、宜居的现代城市成为纽约在当前城市转型与发展中所表现出来的阶段性特征。

第三节 旧金山湾区

一、湾区概况

旧金山湾区是美国加利福尼亚州北部的一个大都会区，位于萨克拉门托河下游出海口的旧金山湾四周，包括旧金山半岛上的旧金山、东部的奥克兰，以及南部的圣荷西等主要城市，陆地面积约 1.79 万 km^2（图 14-5）。旧金山湾区是依托高端科技发展起来的世界级湾区，是世界上最重要的高科技研发中心之一，2016

年旧金山湾区常住人口约 768 万人，总 GDP 高达 0.78 万亿美元，占全美 GDP 的 4.3%，第三产业占比 82.8%。举世闻名的硅谷便位于旧金山湾，受到硅谷这一闪耀亮点的支撑，旧金山湾区不仅驻扎着 30 多家私人创业基金机构，而且全美国超过 40%的风险资本集中于此，撬动着技术与产业的扩张，最终孕育出了谷歌、苹果、脸谱与英特尔等全球知名企业。除资本的巨大催生功能外，科技创新也是旧金山湾区经济增长的强大引擎。旧金山湾区汇集了美国最多的国家级实验室、企业或独立研究室以及一流研究院校，目前拥有斯坦福、加利福尼亚州伯克利等 20 多所著名大学，还分布着航天、能源研究中心等高端技术研发机构，引领全球 20 多种产业发展潮流。旧金山湾区虽然已经成为美国高科技产业集中地区，但其依然保留着多丘陵的海岸线、海湾森林山脉和广袤原野，这种优美的自然生态与极具包容的创新文化相映照，构成了吸引和留住全球顶级人才的关键。

图 14-5　旧金山湾区北湾（North Bay）、东湾（East Bay）、南湾（South Bay）、半岛（Peninsula）及旧金山市（San Francisco）地理分布

二、生态环境问题及其治理成效

第二次世界大战后，随着城市的扩张和发展，旧金山地区开始出现"烟雾"笼罩、水体污染、湿地锐减等现象，带来了严重的环境质量问题。

1. 大气污染

在20世纪60年代后期，由于工业生产排放废气及机动车数量的大幅增长带来的汽车尾气，旧金山每年都有100多天O_3超标，O_3超标导致旧金山烟雾笼罩，光化学污染事件频发，严重影响了居民的生活质量和身体健康。经研究，O_3是碳氢化合物（主要指挥发性有机物）和氮氧化物经光化学反应的产物，所以治理O_3污染需要从形成臭氧的物质入手，即从挥发性有机物和氮氧化物入手。因此，旧金山在20世纪70年代及其后的40余年内，大气污染治理主要集中在挥发性有机物和氮氧化物的排放控制方面。到了20世纪七八十年代，挥发性有机物日排放量从约1 500 t降低到750 t，减排了50%；氮氧化物日排放量从约1 000 t降低到800 t，减排了20%。

20世纪末，旧金山湾又频现$PM_{2.5}$超标问题。旧金山湾区1999—2010年每年$PM_{2.5}$超标的天数（$PM_{2.5}$浓度日均标准值为35 μg/m³）。$PM_{2.5}$污染超标状况受天气条件的影响很大。虽然年际间$PM_{2.5}$超标的天数波动较大（2000年有近40天超标，而2010年仅有2天），但总体上呈现出下降的趋势。可见旧金山湾区大气情况在过去的10年有较明显的好转。

2. 水体污染

随着旧金山湾区经济的高速发展、人口的集聚增长，需水量日益增多，随之而来的生活污水、工业废水以及地面径流、农业污染的增多加剧了水质的恶化，并引发了一系列的环境问题。随着浅滩开发、农田建设和娱乐设施建设，旧金山的水域面积从1849年的2 038 km²减至20世纪中期的1 419 km²；海域资源被大量消耗或破坏，污染物堆积。高新科技的发展，带来了新的污染物，加上南湾水浅，释水量少，污染物不易扩散，缺乏冲散污水的机能，工业废水中重金属和有机毒性化合物浓度比湾区其他地区普遍高很多，中南湾和南湾的下游，水体中多氯联苯（PCBs）的浓度均高于其他地区。在湾区水质环境治理经历了清理阶段到治理污染阶段后，水质净化取得了显著成效，水体重金属含量在20世纪90年代初期开始有明显的下降趋势，细菌污染物也从1976年开始减少到治理前的10%。

3．湿地锐减

在湿地方面，由于早期加利福尼亚州人民并没有意识到湿地调节洪水、涵养水源的重要性，而是当作被浪费的待开发的土地，到2000年旧金山湾区的原始潮汐沼泽和原始滩涂相比1860年分别减少了15万英亩①和2万英亩（图14-6）。随着湿地面积的减少，海边的水鸟等动物也失去了原有的90%的栖息地，水鸟数量从20世纪以前的约30万只减少到1995年的约9万只。

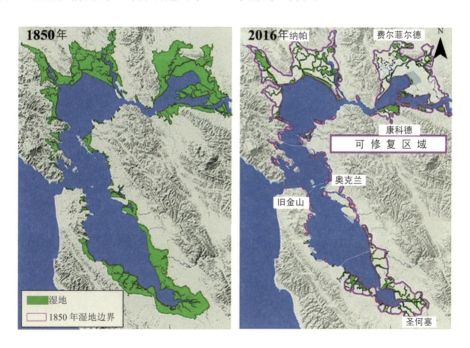

图14-6　旧金山湾区1860—2000年湿地范围变化
（绿色：沼泽湿地；棕色：滩涂；粉红色：盐池；深红色：人工管理的栖息地）

---

① 1英亩=4 046.86 m²。

随着一系列湿地修复计划的实施，旧金山湾区湿地面积逐步恢复，到 2009 年共增加潮汐沼泽 3 000 英亩、滩涂 5 000 英亩，并有 5 000 英亩的非潮汐湿地和池塘也被保护起来。

三、湾区生态环境治理经验

在加利福尼亚州及旧金山政府严格的环保监管制度以及科学的环境治理、绿色发展措施之下，旧金山湾的环境得到了有效改善。

1. 制定严格的监管及处罚制度

以旧金山湾区治理环境污染的经验来看，有效的污染治理不能仅仅依靠单纯的法律和标准的制定，还需要根据各地区的实际情况，出台相应的达标减排的具体措施及严格的监管甚至处罚的制度。旧金山湾区在湿地修复和水环境治理方面的成功就是非常典型的例子。位于加利福尼亚州的旧金山湾区，是一个水资源比较缺乏的地区，在工业化大生产时水质一度严重污染，其对水环境的保护和治理的成功得益于强有力的法律保障和及时有效的监管制度。1972 年，加利福尼亚州制定了州水质管理法和比联邦更严格的排污许可证制度。该制度通过排污许可证，将各项水环境管理政策的要求都统一起来，管理要求清晰，也实现了不同政策间的协调。任何个人或单位，只要向水体排放污染物，对水体造成影响，都必须申请许可证。对于地表水的监测，加利福尼亚州有专门的人员定期进行十分细致严密的抽查，监测项目有 300 多项，如无机污染物、有机污染物、放射性物质、矿物质、毒性污染物、生物评价项目等。不同的水体监测频次要求不一样，分为日、周、月、季、年监测不等。对于有违法排污的情况，水质控制委员会等部门可以对其管理部门进行罚款，还可以上诉至法院对企业负责人进行刑事处罚。此外，加利福尼亚州还严格规定了湿地恢复补偿机制，占用湿地必须以 1∶1.5 的比例异地恢复或提供相应的保证金保证恢复。

2. 多渠道合作加强环保资金投入

在加利福尼亚州环境保护的问题通常是通过各种渠道的通力合作来解决的，如政府不同部门之间，政府与民间团体、科研所之间，民间团体与私人之间的广泛合作。这种合作能充分调动各个方面的优势与力量，全面考虑各方的利益需求，从而让广大民众参与到生态环境保护中来。从旧金山湾区的环保合作经验上看，值得借鉴的两大合作方式主要有：

（1）建立多元联合体

建立各种联合体，鼓励包括政府有关部门、民间团体、大学和科研机构、咨询机构共同参与。联合体成立董事会来进行项目规划、资金的筹集和运作。政府与联合体的投资比例一般是1∶8，许多大的治理项目都是通过联合体的形式来进行。例如，旧金山湾区的湿地生态恢复工程项目就是由联邦政府、州政府、州立水资源管理委员会以及私人捐助的联合体的形式完成的。

（2）信托基金

建立信托基金，80%～90%的资金来自私人捐款，通过信托基金会筹集资金，购买土地所有权，建立保护区，以后逐渐将此类保护区交给地方和联邦政府所有，由基金会管理。在美国最大的基金会已有20～30年历史，每年可筹资上亿美元，加利福尼亚州在此方面处于领导地位。旧金山湾区设立了水质改善基金，通过综合水质管理办法恢复旧金山湾区及流域区域的水质和生态环境。基金申请对象广泛，包括国家、地方政府、美国管区、联邦承认的印第安部落、财团、公立和私立大学、医院、实验室、公共或私人非营利性组织/机构以及个人；基金资助注重基于资源保护的研究和示范，如《旧金山河口合作伙伴关系协议》（San Francisco Estuary Partnership，SFEP）的综合保护和管理计划以及当地的分水岭计划。

3. 制定严格的大气环境标准

为了控制臭氧等大气污染物，加利福尼亚州自20世纪70年代开始制定《污染物减排实施计划》，每一次计划都提出明确的措施，并根据实际情况每五年进行一次修订，政策的连续性一直保持得很好。20世纪90年代至21世纪初，为了进一步减排挥发性有机物和氮氧化物，湾区又采取了一系列措施：（1）在20世纪七八十年代开始规制的大的固定源实施污染物排放控制的基础上，将新的污染物排放标准扩展至70多个行业，并基于改进的污染控制技术对一些行业实施更为严格的污染物排放标准。大部分企业能够采取新的工艺流程，提高生产率，抵消污染物控制成本的提高，从而获得更大的利润。但也有些企业未能有效应对越来越严格的污染物排放要求,倒闭或者被迫搬迁到环境规制没有那么严格的地区或国家;(2)采用更为严格的尾气排放标准。加利福尼亚州早在1975年就开始生产装有催化转换器的轿车,并从1990年开始对汽车排放量做了详细的规定。到2012年,加利福尼亚州对新车采取了更为严格的零排放标准,鼓励生产使用电动车作为降低机动车污染物排放的一个重大策略;(3)对于中小型挥发性有机物商业源实施规制。其中包括在加油站安装油气回收系统、禁止干洗店使用挥发性有机物作为干洗溶剂、规范工商业和居家涂料的使用、规制汽油储罐蒸发排放等。在这样的环境标准之下,旧金山湾的大气污染物得到了有效控制。

4. 重视环境治理的科研支持

旧金山湾很重视科研对环境治理的支撑。在大气治理方面,加利福尼亚州空气资源委员会自成立以来,一直致力于三大使命:获得或保持健康的空气质量;研究空气污染的原因及应对方案;系统化处理由机动车造成的严重空气污染问题。在指导全州开展空气污染治理方面,科学研究和技术发展提供了有力支撑。积极研发了较为成熟的各种污染源减排技术,如燃煤电厂的脱硫、脱硝、除尘等技术,先进的机动车排放控制技术等。委员会设有专门的科研部门和健康风险评估小组,负责对污染物质可能造成的风险进行评估,在经历了长达10年的健康危害评估后,委员会于1998年将柴油颗粒物认定为有毒空气污染物质,为采取机动车尾气污染控制措施提供了重要依据。旧金山湾区空气质量管理区为了更好地了解环境空气有毒物的影响,综合开展空气监测、模拟评估、分析研究等工作,在湾区建立了一个2 km分辨率的废气排放清单,为进一步研究并降低湾区污染暴露提供重要支撑。

旧金山湾区的湿地修复也受到众多科研机构的大力支持。20世纪70—80年代,湾区开始实验性地开展湿地修复项目,并对修复的方式方法、时间效果反复尝试、比较并持续监测其效果,到90年代,美国环境保护机构和区域水质管理委员会以及诸多环境保护团体开始系统科学地分析湿地修复。他们邀请了数百名世界顶级的科学家来探讨湿地修复的范围、方式、影响等,并通过3年的深入研究和调查,发表了《湾区生态系统栖息地的目标》,勾勒出一个真正健康的湾区生态系统的蓝图,此后旧金山湾严格按照《湾区生态系统栖息地的目标》开展湿地修复工作，截至 2009 年，旧金山湾区完成了项目规划目标，增加潮汐沼泽了 3 000 英亩、滩涂 5 000 英亩。

5. 坚持以科技助推产业转型

20 世纪 60 年代以来，旧金山湾区在高新科技的引领下，率先实现了产业结构的转变。旧金山在第二次世界大战前曾一度是美国西海岸最重要的制造业中心。20 世纪 20 年代中后期，随着高科技创新型产业以及与之相配套的金融技术服务业迅速崛起，劳动密集型与资源密集型制造业逐渐衰退。一大批污染严重且经济附加值较低的企业因缺乏竞争力或难以负担高额的成本，纷纷迁出旧金山湾区，减缓了湾区环境压力。旧金山湾区经济从传统制造业向以高科技为主导的创新型专业技术服务业的转型离不开其强大的科学研究基础。该地区拥有包括劳伦斯、利弗莫尔国家实验室、桑迪亚国家实验室、国家航空航天局艾姆斯研究中心和斯坦福线形加速器中心等十大研究机构和众多的大型和小型拥有自主研究和开发权的企业，是一个世界级的研究区。与美国其他地区相比，旧金山湾区在科学（science）、技术（technology）、工程（engineering）和数学（mathematics）方面有更多的顶级研究项目，近距离的知识信息、学术机构和私营企业之间的良好互动关系一直吸引着新的人才和有前途的公司，使得湾区产业转型成功。此外，当地政府大力吸引具有发展潜力的新兴企业进驻，为自主创业和高科技产品研发提供了便利与优惠，为创业者提供了优越的条件，加快了工商业的发展进程，促进了产业转型。

6. 发展低碳能源建设绿色城市

2011 年，旧金山市以拥有全加利福尼亚州最大的太阳能发电项目、最绿色的公共交通能源、高标准的垃圾废旧物品分类回收系统和先进的绿色建筑标准以及电力车计划，被定为北美最绿色的城市。2010 年，旧金山市修建的全加利福尼亚州最大的城市太阳能发电项目正式投入使用。该项目共有 25 000 块控电板，每日产生 5 MW 清洁再生电能，主要为市府机构，包括市立医院、公车、旧金山国际机场、警察局和消防局等供应电能。2012 年，太阳能提供了旧金山全市约 5%的能源。旧金山城市所有公共交通工具都使用电能和生物柴油，其新建的公共汽车站红色的塑料顶棚上也装有太阳能电池,该市居民还可以登录政府网站实时了解使用太阳能电池板能够节约的费用以及减少的二氧化碳排放量。在太阳能发电的基础上,旧金山又开始绘制风力发电的蓝图,旧金山的城市风力发电特别小组建议公共事业委员会在全城各地安装测量设备,完成"风力地图"。与太阳能一样,未来市民可以轻易地在政府网站查出自己居住地点的风力强弱,并估算发电量,作为是否在后院或者屋顶安装风力发电设施的评估标准。接下来,旧金山还打算发展海浪发电。

第四节 国际湾区生态环境治理启示

总结东京湾区、纽约湾区、旧金山湾区生态环境治理的成功经验,结合粤港澳大湾区的实际情况,有以下几点启示:

(1)加强具有针对性的法律建设。三大国际湾区在环境政策法规体系上都比较完备,基本都是以国家级的基本法为框架,地方政府根据具体情况,针对不同环境污染类型及其成因,自主制定一些有针对性的法律法规,形成较为周全的法律体系,并根据环境变化的趋势与时俱进,使政策执行更具针对性和可行性。我国各地环境形势和问题复杂多样,粤港澳大湾区也存在自己独特的社会背景和环境状况,在这方面可借鉴国际湾区的成功经验,由地方政府推动中央政府,因地制宜地制定和出台具体可行的环境法规。

(2)制定严格全面的环境质量标准体系。日本的水环境质量标准先后共进行了 16 次修订,根据情况变化及时调整更新污染物质控制标准,并不断增加监测项目种类;加利福尼亚州的空气质量标准比联邦政府还要严格,地表水监测项目多达 300 项。粤港澳大湾区在我国的环境标准体系下,存在环境监测类别偏少、部分标准更新滞后、环境监测的技术水平不够等问题,粤港澳大湾区可根据自身情况,细化区域环境监控项目,调整环境监控标准,以提高环境质量监控水平。

(3)不断优化产业结构。纵观三大国际湾区,皆通过产业结构调整成功转型为以第三产业为主的产业结构,从源头上控制了工业污染的排放。东京湾通过推进劳动密集型企业的外迁促进产业结构转型,工业企业污染得到有效控制;纽约湾在推动制造业向高端服务业转型的同时还大力发展环保及绿色产业；旧金山湾依托顶尖科研院校转型知识密集型产业，使得污染严重的企业因缺乏竞争力逐步迁出。2015年的数据显示，东京湾的第三产业比重为82.3%、旧金山湾为82.8%、纽约湾为89.4%，而粤港澳大湾区仅为62.6%，因此，产业结构的调整是粤港澳大湾区亟须解决的问题。

（4）科学提升环境治理手段。国际三大湾区依托科技的发展与支撑开展一系列环境治理措施，东京湾通过发展环保技术降低了机动车污染物排放；纽约湾大力推广清洁能源，将其使用比例提升至50%；旧金山湾联合科研院所制定湿地修复规划，并严格遵照实施。粤港澳大湾区可通过增加科研课题，建立湾区高校、科研机构与国内外顶尖院校的交流合作等方式，发展科学技术，为环境治理增添动力。

（5）引入多元的生态保护机制。粤港澳大湾区生态建设中，如何建立多元的生态保护机制是政府、社会广泛关注的问题。国际湾区在建立区域联控联治机制、引入市场机制等方面已形成较为成熟的模式，如东京联合周围县市成立东京湾自治体环境保护会议，并自发实施柴油车排放控制；纽约湾在湿地保护中通过建立湿地银行解决资金空缺；旧金山湾建立多元联合体及信托基金，调动各方优势参与环境保护，这些经验都非常值得粤港澳大湾区参考借鉴。

（6）注重低碳城市的建设。国际湾区在低碳城市建设方面起步较早，东京湾通过推广再生水循环系统节约城市用水；纽约湾由于其完善的公共交通体系，石油消耗量大大减少；旧金山湾使用电力、太阳能发电等清洁能源建设绿色城市。粤港澳大湾区在低碳发展方面刚刚起步，在建设过程中有许多方面可以学习借鉴国际湾区的成功经验。

第十五章
粤港澳大湾区生态资源与环境一体化构建

作为一个生态圈内存在的不同组成部分，粤港澳大湾区内各城市、环境要素进行着动态的商品交流、信息交流、资源共享，以及能量流动、物质循环。由于我国现行管理机制的条块分割，"一个国家、两种制度、三个关税区"的特殊格局，解决粤港澳大湾区生态环境问题需以湾区城市之间资源要素流动和相互协作为基础，在实现各地环境治理必备的资源和信息的互通共享的基础上，以构建完善的分类分级管控机制为核心，以优先解决突出的生态环境问题为重点，以建立高效的跨界协同共治体系为保障，高标准打造粤港澳大湾区优质环境共同体。

由于经济、社会、自然条件的差异性，粤港澳大湾区各个城市在构建区域生态圈、打造优质环境共同体方面将扮演不同角色（表15-1），外围的肇庆、珠海、江门、中山、惠州等城市，区域自然资源本底条件较好，第二产业较为发达且工业企业集中布局，湿地、湖库等敏感区生态安全风险较大，大气污染问题较为突出，需重点加强自然生态系统的保护，加快污染行业和企业的转型。内圈包括深圳、广州、东莞、佛山、香港、澳门等城市，区域经济社会发展水平较高，但是生态空间破碎化严重，环境容量偏紧，河流污染较为突出，饮用水水源环境风险大，需重点强化城市发展的空间管控、污染物的排放监管、水环境的治理以及引领绿色化的发展模式。

表 15-1　粤港澳大湾区各城市生态圈建设目标定位

城市	定位
广州	湾区北部重要生态屏障，粤港澳大湾区内地9市行政中心
深圳	国际科技、产业创新中心；湾区生态环境治理和绿色发展先锋城市
香港	国际金融、航运、贸易三大中心；湾区生态合作纽带
澳门	世界生态旅游休闲中心；中国与葡语国家商务生态合作服务平台
佛山	传统污染行业转型升级示范区
东莞	国际制造中心；环保产业制造基地
惠州	绿色现代化山水城市，湾区东部生态屏障
中山	珠江西岸区域科技创新研发中心，承接珠江东、西两岸区域性交通枢纽
肇庆	湾区通往大西南以及东盟的"西部通道"，湾区西北生态屏障
江门	全球华侨华人双创之城；沟通粤西与珠三角一传一接的中卫角色
珠海	全国唯一与港澳陆地相连的湾区城市，建设粤港澳大湾区创新高地；开辟"港澳城市及创新资源+珠海空间与平台"的合作途径，国际创新资源进入内地的"中转站"

第一节　开展科学顶层设计

一、建立跨区域共治机构

1. 建立跨区域环境共治机构

组建粤港澳大湾区生态环境协同治理合作机构，统筹制定粤港澳大湾区一体化发展战略和政策，协调解决基础设施建设、区域城市体系规划、区域性资源开发利用和生态环境治理中的重大问题，推进粤港澳大湾区产业布局、环保设施建设、重大项目审批、区域环境标准、环境管理体制、环境执法监督、环境监控手段、环境信息公布的一体化，实现规划统一、标准统一。强化生态合作平台建设，推动粤港澳大湾区城市建设、公众生活、污染治理等领域基础设施的一体化建设，强化生产、生活、生态空间的互联互通；开展更为有效的跨区域共治项目，推动水、气污染治理与生态建设方面的专项深入合作，成立粤港澳大湾区可持续发展委员会，调动多方资源，鼓励多方参与，推动粤港澳大湾区可持续发展。

2. 解决重点区域跨界环境问题

组建广佛肇、珠中江、深莞惠、珠澳、港深交界区环境专项工作小组，梳理现存跨界环境问题，对跨界环境问题进行研究，讨论城市间环境治理的合作与协调，协调解决跨界环境污染问题。重点讨论处理有关流域环保协调与合作，处理流域环境管理中的纠纷，处理上下游、左右岸的关系。

二、完善粤港澳大湾区法治体系

1. 设立跨区域法律法规

发挥粤港澳大湾区拥有三个法律体系的独特制度优势，加强法律合作，建立区域性商事法律合作委员会，设立粤港澳大湾区司法资源共享中心和环境纠纷解决仲裁中心，共建法律交流平台，共同研究开展粤港澳大湾区环保方面的法律合作。研究制定跨区域生态合作法律法规，法律法规的制定应该遵循的原则为：(1) 平等-非主权原则，各地政府法律地位是平等的，尊重对方在法治框架下做出的决策，任何一方都不应该将本区域政府处理问题的原则或观点强加于另一区域政府；(2) 互利合作原则，必须照顾各方利益，以互利双赢为前提，严禁以损害对方利益来实现自己目的；(3) 协商参与原则，强化公众有序参与，防范滥用权力，增强合作决策过程的科学性、合理性和政治合法性。

2. 统一环保执法机构

推进公安部门直接参与环保监管，将环境执法职能纳入公安部门，在公安部门内部建立环境警察专门队伍，成为独立警种，设置公安局环保分局、公安局环境犯罪侦查支队、公安局环境执法支队。可参考美国纽约市和马萨诸塞州的环保警察机构，成立单独的警种，专门用于打击环境犯罪。也可以借鉴我国森林公安的体制，由环保部门和公安部门共同管理培训专业的人才队伍，由环保部门直接领导。环境执法机构的职责主要为实施环保检查和现场执法，负责环境刑事案件的侦办，负责环境纠纷民事案件的调解和矛盾化解，宣传环保法律知识和政策，快速处置现场严重违法行为等。

三、优化顶层规划设计

1. 优化粤港澳大湾区整体发展格局

依托区域公交网、公共服务网、公共安全网以及区域绿道网、滨水岸线，支撑粤港澳大湾区内外部人流、信息流的高效运转，促进各类生产、生活和生态要素向最具效益的节点和枢纽集中，实现合理的区域功能分工以及公共资源的优化配置。促进广州越秀—天河—海珠、深圳福田—罗湖、香港中环—湾仔等主城区城市功能的疏解和提升，培育广州南沙、深圳前海、珠海横琴、深港河套地区等一批合作发展新节点（表15-2）。

表15-2 粤港澳大湾区合作发展新节点

名称	发展目标	定位角色
广州南沙自贸区	推进"一城市三中心"建设，建设高水平的国际化城市和国际航运、贸易、金融中心，成为广州的"城市副中心"	广东高水平对外开放的门户枢纽
深圳前海合作区	建成基础设施完备、国际一流的现代服务业合作区，具备适应现代服务业发展需要的体制机制和法律环境，形成结构合理、国际化程度高、辐射能力强的现代服务业体系，聚集一批具有世界影响力的现代服务业企业，成为亚太地区重要的生产性服务业中心，在全球现代服务业领域发挥重要作用，成为世界服务贸易重要基地	现代服务业体制机制创新区、现代服务业发展集聚区、香港与内地紧密合作的先导区、珠三角地区产业升级的引领
珠海横琴自贸区	重点发展高品质度假旅游项目，建设高档度假酒店、疗养中心、游艇中心、滨海游乐、湿地公园等海岛旅游精品，建立合理、完善的旅游产业链	文化教育开放先导区和国际商务服务休闲旅游基地，促进澳门经济适度多元发展新载体、新高地
深港河套地区	建设香港最大的科技创新园区——港深创新及科技园，引导和聚集优质高科技企业、研发机构、高等院校进驻园区	港深创新及科技园

2．明确各地政策分区

各地制订有效的空间管制措施，针对土地利用及开发进行引导和控制，将建设用地和生态用地划分为禁止开发区、农业及生态地区、城市建设区和潜力增长区等 4 类管制分区进行引导和控制，防止战略性空间资源的破坏和低效利用，保障区域经济、产业和基础设施可持续发展的空间条件，并严格保护区域整体生态格局。

3．开展粤港澳大湾区生态环境保护顶层规划

研究制定粤港澳大湾区中长期生态环境总体建设规划，建立相对一致的环境保护目标和精细化的环境质量标准体系，分阶段、分流域、分领域制定环境保护目标和治理任务，针对突出的大气环境治理问题、流域水污染治理、湿地保护、近岸海域保护等出台系列专项行动计划。

四、推进体制机制改革

1．落实推进环境保护税开征

制定明确的环保税税额标准和征收项目，制定排污系数标准和物料衡算技术规范，统一纳税申报口径，提高环保税征缴效力。建立环保主管部门和税务机关涉税信息共享平台和工作配合机制，考虑引入第三方环境咨询机构协助申报，确保企业税务申报的准确性。强化对企业污染排放的附带问责机制，用市场调节和监管的手段敦促企业适应社会发展变化，承担社会责任。

2．推进领导干部自然资源资产离任审计

开展粤港澳大湾区自然资源资产现状调查评估，通过联合环保部门与审计部门共同研究自然资源资产离任审计方法，建立自然资源离任审计制度，规范审计工作指引，并在粤港澳大湾区大范围开展自然资源资产离任审计的试点工作。

3. 推进生态环境损害责任追究

开展粤港澳大湾区生态环境现状调查与评估，建立政府部门生态环境权责清单，从生态环境损害鉴定、监管监察、执法、磋商诉讼等方面建立完善的生态环境损害责任追究机制。制定生态环境损害责任追究制度及工作指引，积极开展试点工作。积极促进生态环境损害鉴定评估、生态环境修复等相关产业发展。

第二节 严格生态资源保护

一、严格生态红线管控

1. 严格遵守生态保护红线

以划定的生态红线为基础，相关规划要符合生态保护红线空间管控要求，不符合的要及时进行调整。按禁止开发区域的要求对生态红线范围进行管理，严禁不符合主体功能定位的各类开发活动，严禁任意改变用途。定期组织开展评价，及时掌握粤港澳大湾区生态保护红线生态功能状况及动态变化，将评价结果作为优化生态保护红线布局、实施生态保护补偿和实行领导干部生态环境损害责任追究的依据。

2. 强化重点生态用地总量管控

将林地、城市绿地、农用地、水域和湿地等纳入生态用地管理范畴，明确用地规模，强化用途管理，设定生态建设指标，明确各项保护制度。控制建设用地总量，严格限制将林地、农用地、海岸滩涂和湿地转为建设用地，严格控制围海造地，闲置地清理和"三旧"改造优先转为生态用地。落实林地、耕地总量动态平衡的目标，实现土地利用方式由粗放型向集约型转变。

二、系统实施生态修复

1. 强化山水林田湖整体修复

开展粤港澳大湾区山水林田湖系统研究，构建完善的粤港澳大湾区生态保护体系，严格"三线一单"（生态保护红线、环境质量底线、资源利用上线和环境准入负面清单）管控，立足粤港澳大湾区生态战略地位和资源环境承载能力，对粤港澳大湾区森林生态系统、湿地生态系统、草地生态系统、农田生态系统、水生生态系统进行整体保护、综合治理、系统修复。以自然山水脉络和自然地形地貌为框架，以满足区域可持续发展的生态需求及引导城镇进入良性有序开发为目的，着力构建"一屏、一带、两廊、多核"的生态安全格局（表15-3）。

表15-3 粤港澳大湾区生态安全格局建设

定位	构建范围	重点任务	作用
一屏：粤港澳大湾区外围生态屏障	以西部、北部、东部的山地、丘陵及森林生态系统为主体组成的环状区域生态屏障，包括以江门恩平西部天露山区为核心的西南生态控制区、以肇庆鼎湖山—罗壳山—巢湖顶为中心的西北生态控制区	重点做好生态控制区的生态保护和生态建设，构筑高质量的陆域连绵山体生态屏障，突显其绿色天然屏障功能，提升北部生态保护、水源涵养、生物多样性保护的承载力	涵养水源、保持水土和维护生物多样性
一带：南部沿海生态防护带	以珠三角南部近海水域、三大湾区（环珠江口大湾区、环大亚大湾区、大广海大湾区）、海岸山地屏障和近海岛屿为主体组成的近海生态防护带，包括大亚湾—稔平半岛、珠江口河口、万山群岛和川山群岛等	重点做好海岸线、海岛、海岸防护林的保护和建设，构建由消浪林带、海岸基干林带和纵深防护林网3个层次构成的复合沿海纵深防护林体系，全面提高沿海防护林建设水平，提升防灾减灾能力	形成珠三角海陆能流、物流交换纽带和抵御海洋灾害的重要海洋生态防护带

定位	构建范围	重点任务	作用
两廊：珠江水系蓝网生态廊道和道路绿网生态廊道	珠江水系蓝网生态廊道包括区域性河流生态主廊道和河流生态次廊道两个层面，其中区域性河流生态主廊道由东江、北江、西江等3大江河构成，河流生态次廊道由流溪河、增江、顺德水道等主要支流河道构成。道路绿网生态廊道包括区域性道路生态主廊道和道路生态次廊道两个层面，其中区域性道路生态主廊道由区域性的铁路、高速公路隔离防护林带构成，道路生态次廊道由省域绿道网构成	重点建造水系、河流、道路的相互连接，全面提升珠三角地区环境要素流动速度	加大区域种子资源的流通，恢复粤港澳大湾区生态资源的优势
多核：五大区域性生态绿核	由分布于城市内部或者城市之间的山体和绿色生态开敞空间构成，包括广州帽峰山—白云区区域绿核、佛山—云浮之间的皂幕山—基塘湿地区域绿核、江门古兜山—中山五桂山—珠海凤凰山区域绿核、东莞—深圳之间的大岭山—羊台山—塘朗山区域绿核和深—惠之间的清林径—白云嶂区域绿核，深圳—香港河套湿地区域绿核等，形成珠三角城市间生态过渡区域	重点做好"多核"区域生态功能区保护工作，避免大开发，确保大保护	强化区域绿核的完整性保护，避免被破坏和蚕食，加强退化土地综合治理

2. 加快水土流失治理

积极治理现存水土流失以及裸露山体缺口、裸地。加快受损森林生态系统修复，实施以"一消灭三改造"为主要内容的森林碳汇工程建设，消灭宜林荒山，改造残次林、纯松林及布局不合理的桉树林。加强石漠化综合治理，以肇庆市为重点，以植被建设为主，采用林业、农业、水利、国土、扶贫开发等不同行业治理措施进行综合治理。

3. 开展湿地治理与修复

实施红树林湿地保护工程，提高深圳福田红树林国家级自然保护区等现有保护区管理水平，强化广州南沙坦头等残存小块状天然红树林的保护，在珠海市淇澳岛等适宜区域营造红树林，扩大红树林面积和提高红树林质量。强化淡水湿地保护，通过湿地自然保护区和重要湿地的建设，加强珠江水系沿线及珠江口两岸的河流和湖泊湿地资源、广州南沙和肇庆鼎湖等淡水湿地资源的保护与恢复。推动珠三角湿地公园体系建设，通过在合适区域新建湿地公园和将部分现有的以湿地为主题的公园（游览区）发展建设成湿地公园等途径，建立起布局合理、类型齐全、特色明显、管理规范的湿地公园体系。

4. 加强近海岸受损生态系统修复

加强岸线资源利用与海洋功能区划、近岸海域环境功能区划的协调，控制填海规模，清除不符合规划的围垦工程。串联粤港澳大湾区海岸带，打通深港、珠澳跨界绿道，实现粤港澳大湾区休闲廊道的互联互通。加强自然岸线保护，调整不符合海洋功能区划的海域使用项目，利用生态岸堤等技术实施海岸带治理与恢复专项整治。

专栏 1　生态岸堤（Eco-shoreline）

作为治水提质项目的重要支撑，南佛罗里达的一条575英尺（1英尺=0.304 8米）长的沿海水道海堤项目是由佛蒙特州艺术家迈克尔辛格设计的，被称为"生态艺术"（Eco-Art）海岸线，这项耗资149 000美元的项目源于棕榈滩县的工作，旨在改善莱克沃思湖（Lake Worth Lagoon）的水质，重建一些因发展而失去的自然海洋栖息地。在沃斯堡建设半月形生态岸线，利用多孔混凝土花盆，种植红树林，其裸露的根系可作为养鱼场（图15-1）。

而香港也计划采用该项技术来提升海洋生态系统服务功能，计划在东涌新市镇生态岸堤最新规划方案中引进生态岸线，将为当地居民提供优良的活动场所（图15-2）。

图 15-1　佛罗里达生态岸堤

图 15-2　东涌新市镇生态岸堤

三、严格生物多样性保护

1. 强化本地优势物种保护

开展区域生物多样性和珍稀野生植物种群本底调查与评估，建立区域资源库，并逐步建立生物多样性监测评估和预警体系。开展珍稀物种保护管理和种群恢复工作，抢救性保护重要的生境和珍稀植物物种资源，加强苏铁等珍稀濒危的极小种群物种的保护，加强广东象头山等自然保护区的基础建设，利用生态连道等健全和完善自然保护区的功能。

专栏 2　新加坡生态连道（Eco-Link）

新加坡现在共有 4 个国家自然保护区，包括武吉知马自然保护区、中央集水区自然保护区、拉柏多自然保护区和双溪布洛湿地保护区。1986 年武吉知马高速公路（BKE）建成以来，这条高速公路虽为驾车者提供了极大的便利，但也形成一道水泥墙，切断了武吉知马自然保护区和中央集水区自然保护区的生态系统。每年也有不少动物因试图越过高速公路觅食而不幸沦为轮下魂。2003 年新加坡政府修建了横跨武吉知马高速公路（BKE）的首座专供动物使用的生态连道（Eco-Link）。新落成的生态连道位于牛乳场路及射靶场路之间的 BKE 路段，约长 62 米，呈沙漏状设计，中间最窄处宽 50 米，左右两侧则各宽 60 米，犹如一条绿色走道，方便栖息在两个自然保护区的 1 000 多种动物如巨蜥、松鼠、果子狸、穿山甲、昆虫和蛇类等自由往来（图 15-3）。

图 15-3　新加坡高速公路上的生态连道（Eco-Link）

2. 严格防范外来物种入侵

全面开展薇甘菊、五爪金龙、互花米草、飞机草等外来物种入侵情况的深入调查和研究，建立外来物种数据库，开展风险识别、风险等级、风险管理研究，确定危害等级，并建立预警机制。

3. 建立红树林种子基因库

系统开展粤港澳大湾区红树林生物资源调查和评估，摸清粤港澳大湾区红树林生物资源"家底"。建立红树林种子基因库，以现代科技为依托，搜集、保存、驯化、复壮、养护红树林现存品种，避免其种源、基因受灭绝之灾。加大对红树林基因的研究，研究其耐盐性、真菌多样性等在水稻培育、生物农药、工业废水生物修复、新型抗菌活性物质开发等农业、工业、医药业中的发展潜能。

第三节 加大环境治理力度

一、分类实施空气质量稳定达标管控

1. 全面实施城市空气质量达标管理

树立标杆城市，力争先行达到比肩国外先进地区的标准。全面深化粤港澳大湾区大气污染联防联控，统筹防治臭氧和细颗粒物污染，加强挥发性有机物和氮氧化物协同控制。优先解决重点区域突出大气污染问题，广州、佛山、肇庆等城市尽快实现 $PM_{2.5}$ 达标，加大广佛、香港的氮氧化物控制以及东莞、惠州、江门的臭氧污染。

2. 加大重点污染物减排力度

实施 VOCs 排放总量控制，实施 VOCs 排放减量替代，落实新建项目 VOCs 排放总量指标来源，臭氧超标区域严格控制新建 VOCs 排放量大的项目，实施重点行业 VOCs 综合治理，在重点行业征收 VOCs 排污费。着力削减煤炭消费总量，重点污染源严格脱硫脱硝，大型园区推广集中供热，严格监管工业锅炉、窑炉，禁止新建10蒸吨以下燃用高污染燃料的锅炉，水泥行业严格控制烟粉尘排放，陶

瓷制造业推广使用清洁能源。

3．加强机动车和船舶尾气治理

强化机动车尾气控制，大力推广新能源汽车，全面实施机动车国Ⅴ排放标准，全面推行"黄标车"等高排放车辆闯限行区和跨地区电子执法处罚，严禁未取得有效环保标志车辆、未进行环保定期检测车辆和冒黑烟车辆上路。严格港口废气排放管控，严格执行珠三角水域船舶排放控制区实施方案，在香港、广州、深圳、珠海等港口强制要求靠港和进入规定水域的船舶使用符合硫含量限值要求的低硫燃油；加快岸电设施建设，鼓励靠港船舶优先使用岸电。

4．强化面源扬尘污染控制

以新区开发建设和旧城改造区域为重点，严格管控施工工地扬尘污染防治，推行绿色文明施工；加快建立健全生物质废物综合利用政策和机制，切实控制农村及城市周边生物质废物的无序焚烧。

二、以流域为单位实施水体精准治污

1．严格实施水环境质量目标管理

按照"流域—控制区—控制单元"三级分区体系，实施以控制单元为空间基础、以断面水质为管理目标、以排污许可制为核心的水环境质量目标管理；优化控制单元水质断面监测网络，建立控制单元产排污与断面水质响应反馈机制，明确划分控制单元水环境质量责任，未达标水质断面所在的控制单元应制订专项达标方案。

2．系统推进流域污染治理

加强重污染流域综合治理，实施重点流域水污染防治规划，探索实施流域生态补偿和流域污染物排放总量控制制度。完善跨界水污染联防联治机制，突出上下游、支流连片区域水污染联防联治，推动建立东江、西江、北江、珠三角河网等跨界流域联防联治机制，建立完善广佛肇、珠中江、深莞惠等区域流域环保合作平台（表15-4）。

表15-4 粤港澳大湾区各流域水环境治理思路

流域名称	水环境治理重点思路	主要治理河流
东江流域	实施严格的污染物总量控制，严格控制重污染、重金属、矿产资源开发类型项目的新建	淡水河（含龙岗河、坪山河等支流）、石马河（含观澜河、潼湖水等支流）
西江流域	注重绿色产业发展和生态保护	饮用水水源
北江流域	重点整治矿山资源开发行为	—
珠江三角洲水系	重视流域内水环境基础设施建设，完善城市污水管网，提高污水处理厂处理能力	茅洲河

3．加快城市建成区黑臭水体治理

公布城市黑臭水体名称、责任人及达标期限，将黑臭水体治理与海绵城市、防洪排涝、生态水网建设相结合，采取控源截污、垃圾清理、清淤疏浚、生态修复等措施，系统推进黑臭水体环境综合整治。

4．推动工业企业全面达标排放

规范工业企业排污口设置，排污企业全面实行在线监测，实现工业污染源排放监测数据统一采集、公开发布。加强对工业污染源的监督检查，实施环境信用颜色评价，严格整改或关停超标、超总量的排污企业。建立分行业污染治理最佳实用技术公开遴选与推广应用机制，推广重点行业最佳污染治理技术。工业园区实现废水分类收集、分质处理，入园企业应在达到排放标准后接入集中式污水处理设施进行处理。

5．完善污水收集管网建设

大力推进污水管网建设，填补污水管网缺口，以提高污水处理效率，改善水环境。构建沿河截污、污水干支管网建设、排水户接驳3个层次的污水收集系统，将污水收集管网建设与城市开发、旧城改造等统筹考虑。开展排水管网清源行动，加强新开发建设项目的污水管网配套管理和协调工作。

6. 建立"分层次、分布式"的污水处理系统

建设全覆盖的中心镇集中式污水处理设施和分散式小型农村污水处理设施体系。建立完善的中水回用系统，大力提倡生产和生活污水回用于农田灌溉、园林绿化、市政道路喷洒、河道生态景观补水。严格妥善处置污泥，积极推进污泥处理处置设施建设，开展污泥综合利用研究，探索将污泥利用产业化。

三、陆海统筹实施近岸海域环境治理

1. 强力整治陆域入海排污口

坚持陆海统筹、河海兼顾、区域联动，以近岸海域水质目标考核制度和重点海域污染物总量控制制度等为重要抓手，摸清河流、排污口、大气沉降、海水养殖、海洋工程排污等陆海污染源家底，分区评估近岸海域环境容量和相关联陆域污染减排成本，实行治海先治河、治河先治污、河海共治模式。规范入海排污口设置，全面清理非法或设置不合理的入海排污口。提高涉海项目准入门槛，强化陆源污染排海项目、海岸和海洋工程建设项目监督管理。在污染严重入海河流河口建设应急污水处理设施，进行就地分散收集处理。

2. 严格控制港区和船舶污染物入海

强化港口船舶污染物控制，规范处置港区机修车间、码头设备、集装箱、加油设施等产生的含油污水，严格监控国际航行船舶压舱水，禁止船只在港区偷排漏排含油污水，实施油类污染物"零排放"。推进海洋生态健康养殖，改进渔船油水分离装置，渔港配套建设废水、废油、废渣回收与处理装置，划定船舶生活污水排放限定区域，定期监测渔港水域水质。

3. 严格执行围填海制度

以陆地和海洋的资源环境承载能力为基础，科学规划海岸带地区的生产、生

活、生态空间布局，实施海洋生态红线制度，开展海洋生态补偿及赔偿等研究。加大对红树林、珊瑚礁、海草床等滨海湿地、河口和海湾典型生态系统，以及产卵场、索饵场、越冬场、洄游通道等重要渔业水域的保护力度，实施增殖放流，建设人工鱼礁。严格执行围填海管制计划，重点海湾、海洋自然保护区的核心区及缓冲区、海洋特别保护区的重点保护区及预留区、重点河口区域、重要滨海湿地区域、重要砂质岸线及沙源保护海域、特殊保护海岛及重要渔业海域禁止实施围填海，生态脆弱敏感区、自净能力差的海域严格限制围填海。

四、强化土壤污染风险防范

1. 加强土壤污染源头防控

将建设用地土壤环境管理要求纳入城市规划和供地管理，土地开发利用必须符合土壤环境质量要求；强化新建项目环境准入约束，在开展环境影响评价时增加对土壤环境影响的评价内容，并提出防范土壤污染的具体措施；严格工矿企业的环境监管，有效控制重金属、有毒化学品和持久性有机污染物进入土壤环境；加强农用化学品环境监管，合理施用化肥和农药，强化畜禽养殖污染防治，全面推进废弃农膜回收利用。

2. 实施土壤环境分级分类管理

加强农用地土壤环境分类管理，以农用地和重点行业企业用地为重点，查明农用地土壤污染的面积、分布及其对农产品质量的影响，根据污染程度的不同分别制订严格的管控措施，切实保障农产品质量安全。加强建设用地的风险管控，建立建设用地土壤环境质量调查评估制度，对拟收回土地使用权的重点行业企业用地以及用途拟变更为公共设施的上述企业用地，开展土壤环境状况调查评估。

3. 推进土壤污染治理与修复试点示范

加快推进东莞水乡搬迁工业区和垃圾填埋区等区域土壤污染综合治理工程，治理与修复工程原则上在原址进行，并采取必要措施防止污染土壤挖掘、堆存等造成二次污染。因地制宜地探索修复场地的开发利用方式，打造一批土壤修复与应用的示范工程。

五、加强供水水源风险保护

1. 合理配置供水资源

合理配置西江、北江、东江水资源，以供排水通道划分为基础，确立珠三角水资源开发利用一体化总体格局，优化调整供水水源布局，重点拓展西江水源，提高北江水源开发利用率，稳定东江水源，保护利用潭江、流溪河、增江等独立河流，逐步推进"广佛肇水源一体化"、"深莞惠（港）水源一体化"和"珠中江（澳）水源一体化"建设（表15-5）。

表15-5 粤港澳大湾区水源一体化建设

水源名称	规划内容
广佛肇水源一体化	优化整合佛山水源，实施"西江、北江双水源战略"，肇庆拓展西江干流水源和北江水源，推进佛山西部与肇庆东南部水源一体化建设。加强广州西江引水工程的高效运行管理，重点建设广佛江库联调工程，并适时实施广州北江引水工程，满足广州北部地区远期发展用水需求，为广佛地区提供应急备用水源
深莞惠（港）水源一体化	深圳以东江水源为主，主要依托东深供水工程、东部供水工程以及境内公明、清林径等主要调蓄水库，实行江库联网；东莞在东江三大水库联合优化调度的基础上，重点建设东江下游及三角洲河段供水水源保证工程、境内蓄水水库挖潜及九库联网供水工程、与惠州合作建设观洞水库水源工程；惠州主要水源为东江干流和西枝江，重点建设惠州市稔平半岛供水工程，解决稔平半岛缺水问题
珠中江（澳）水源一体化	江门在保持原有水源基础上，逐步调整大中型水库由农业供水向城市供水转变，实现河、库多水源供水，珠海加快建设竹银水源工程，适时把取水口上移到中山、江门市境内，并与中山、江门水源进行统筹规划，解除咸潮及水质污染对珠中江（澳）供水安全的威胁；中山市水源地进一步向东海水道、西江干流布局

2. 强化饮用水水源环境保护

优化调整取水排水格局，实现高、低用水功能之间的相对分离与协调和谐；供水通道严禁新建排污口，依法关停涉重金属、持久性有机污染物的排污口，汇入供水通道的支流水质要达到地表水环境质量标准Ⅲ类要求。开展饮用水水源保护区环境风险排查列出清单，依法清理地级以上城市饮用水水源保护区内违法建筑和排污口。开展饮用水水源保护区规范化建设，在人类活动频繁、影响较大的一级水源保护区设置隔离防护设施。加强农村饮用水水源保护和水质检测。

3. 科学防治地下水污染

定期调查评估集中式地下水型饮用水水源补给区等区域环境状况。石化生产存贮销售企业和工业园区、矿山开采区、垃圾填埋场等区域应进行必要的防渗处理，加油站地下油罐应全部更新为双层罐或完成防渗池设置，报废矿井、钻井、取水井实施封井回填，对环境风险大、严重影响公众健康的地下水污染场地开展修复试点。

第四节　构建绿色发展格局

一、推动产业绿色高端发展

1. 构建协同有力、分工明确的发展格局

推动城市间梯队化发展，依托香港、深圳、广州等腹地城市优质产业优势，以研发及科技成果转化、国际教育培训、金融服务、专业服务、商贸服务、休闲旅游及健康服务、航运物流服务、资讯科技等八大产业为依托，探索各城市差异化、特色化、梯队化发展模式，降低同类化、同质化程度，注重地区间优势互补，注重各区之间的横向多层次分工协作，构建高效科学的"竞合"关系结构。建设珠江口东岸科技创新走廊，打造珠江口西岸的转型升级产业带，提高广州作为省

会城市对周边城市的辐射带动力，推动深圳与香港共建全球性金融中心和创新中心，推动珠海与澳门合作共建世界级旅游休闲中心。

2. 打造世界级现代产业集群

在粤港合作、深港合作等工作基础上，依托粤港澳大湾区产业优势，加快发展金融、航运、新一代信息技术、生物技术、高端装备制造、新材料、文化创意等现代服务业。依托广深科技创新走廊、"一带一路"倡议，以广州、深圳、香港为核心，打造具有国际竞争力的粤港澳大湾区产业集群（表15-6）。

表 15-6 粤港澳大湾区产业规划

城市	产业发展方式	定位
深圳	完善创新合作体制机制，强化前海深港合作区示范功能，合作打造全球科技创新平台，建设粤港澳大湾区创新共同体，打造全球重要科技产业创新中心和成果转化基地	创新中心和成果转化基地
广州	加快推动传统产业转型升级，重点培育发展新一代信息技术、生物技术、高端装备、新材料、节能环保、新能源汽车等战略新兴产业集群，打造智能制造与转型升级经济示范区	智能制造与转型升级经济示范区
香港	推动粤港澳金融竞合有序、协同发展，培育金融合作新平台，扩大内地与港澳金融市场要素双向开放与联通，建成具有国际竞争力的金融核心圈	国际竞争力的金融核心圈

3. 推动传统产业转型升级

强化资源紧缺、生态环境质量欠佳区域的产业结构调整和落后产能淘汰，提高准入门槛，加快淘汰规模小、污染高、能耗高、产出低的企业。严格重点行业强制清洁生产审核，推进企业自愿性清洁生产审核，试点开展服务业清洁生产审核。推动老旧工业园区实施循环化改造，探索新兴产业园区高标准建设。推动传统产业绿色生态化发展，大力发展绿色物流，改进水泥等传统制造业生产技艺，建立电子制造产业绿色供应链。

4. 促进环保产业不断壮大

引入市场机制，发展节能环保科技，通过投融资模式创新、加大环保基础设施建设、推进环保服务产业市场化，不断壮大环保产业。促进绿色经济的产业技术革命，建立生态产业园，推动重化工业等重污染行业向生态化、创新化方向发展。建设环保产业基地，加快环保产业集聚化发展。

二、推进资源能源高效利用

1. 加强能源集约利用

推动重点领域节能，鼓励重点企业实施用能总量控制，强化建筑节能和既有建筑节能改造，大力发展智能交通技术，开展商业、旅游业、餐饮等行业能源审计，鼓励大型公共建筑建立楼宇能源管理系统（Building Energy Management System, BEMS）。加大清洁能源利用，探索城市能源再生利用新途径，推广新能源汽车，推行分布式光伏发电，建设一批国家级新能源利用示范项目。

2. 注重水资源的节约利用

深化工业领域节水，淘汰现有高耗水、高污染的行业与企业，提高工业用水重复利用率，强制推行城市高耗水项目节水改造，洗浴业必须安装智能型节水设备，游泳场所、水上娱乐等直接耗水行业必须安装使用循环用水设施。推进城市水资源循环利用，加大城市再生水利用，大力推广海绵城市建设模式。

专栏3　香港T·PARK——转废为能的综合示范利用项目

作为全球最大的污泥处理厂，香港T·PARK同时也是一所独一无二、自给自足、结合先进科技于休闲、教育和自然生态项目的综合设施。首先，污泥被用作燃料，焚化过程产生的热能会被回收，用于3个水疗池、冷暖空调系统以及污泥处理使用，基本可以满足厂内的日常运作需要。其次，厂内建有海水淡化厂，利用先进的海水淡化设施来洁净从附近后海湾抽取的海水，处理后提供所需的饮用水和设施用水。最后，污水经处理后会循环再用，作为灌溉、冲厕和清洁用途，同时也收集雨水作非饮用用途，厂内基本实现"零污水排放"（图 15-4）。

图 15-4　T·PARK 公园场景

3. 探索多元土地开发模式

控制城市无序扩张，引导城市空间的紧凑发展，统筹安排发展用地，合理确定土地开发建设强度，针对不同性质确定最大的合理容积率，重点提高工业用地密度和容积率。推广应用节地技术和模式，将城区地下空间综合利用与城市更新融合进行，推广市政管线综合管廊系统，推广大型商圈的开发采用地上、地下空间立体开发、综合利用、无缝衔接等节地技术和节地模式。

三、强化海洋资源开发利用

1. 合理开发和利用海洋能源和生物资源

依托海岛独特的生物资源、景观资源、港湾资源和海洋能资源，在保护的基础上，建设"能源岛"，在万山群岛等海洋能丰富的海岛开发风能、潮汐能等，在珠海的大万山岛、东澳岛、桂山岛和外伶仃岛等推广开发风能、太阳能、波浪能、生物质能等。

2. 大力发展海洋经济

统筹粤港澳大湾区海洋战略性新兴产业发展，加快相关优惠政策的研究制定，强化关键核心技术的自主创新，加强资金支持力度和人才培养，提高海洋工程装备制造业、海洋生物医药业、海水综合利用业、海洋新能源产业、现代海洋服务业的技术储备和成果转化应用能力。

第五节　推广绿色生活方式

一、加强交通物流网络建设

1. 加强粤港澳大湾区交通设施互联互通

构建粤港澳大湾区综合公共交通体系，共建"一中心三网"（世界级国际航运物流中心、多向通道网、海空航线网、快速公交网），构建以高速铁路、城际轨道、城市地铁和有轨电车等轨道交通为主，以快速公交（BRT）和常规公交为辅，串联整个城乡区域、多层次、广覆盖、无缝衔接的区域公交系统，城市之间以城际轨道为主，城市内部以地铁、BRT 为主，城市与各乡镇之间以 BRT、公共汽车为主，形成粤港澳大湾区"一小时生活圈"。实现公共交通的跨境对接，强化内地与港澳公路及轨道网络的整合，加快建设和完善跨界高速公路、轨道交通及各类口岸基础设施，跨界交通无缝对接与口岸建设相结合，推进港珠澳大桥配套口岸、广深港铁路客运专线配套口岸等综合配套设施建设。

2. 打造粤港澳大湾区智能交通网络

以互联互通的交通设施为基础，以大数据、人工智能、云计算等技术为依托，构建以城市交通大数据中心为"一个中心"，以交通信号集成平台、交通智能管控平台、交通信息服务平台为"三大平台"，以信号控制、电子警察、卡口检测、流量检测、停车管理等为"n 个子系统"的安全、高效、便捷、绿色的交通管理系统，推动粤港澳大湾区各城市城市交通管理一体化建设，打造城市智能交通网络。

3. 发展城市地下智慧物流系统

积极发展运用自动导向车和两用卡车等承载工具，通过大直径地下管道、隧道等运输通路，对固体货物实行运输及分拣配送的地下管道智慧物流系统。开展粤港澳大湾区地下物流系统工程的可行性研究，在粤港澳大湾区规划建设中预留地下物流、能源输送等功能通道，结合粤港澳大湾区港口密布的特点，建设地下集装箱物流运输系统，创新港口集疏运模式，在实现智能配送、精准分流的同时，有效缓解城市交通拥堵，减少环境污染，并大大减少能源消耗，解决城市物流"最后一公里"问题，实现地下空间的集约化使用和可持续发展。

二、打造粤港澳大湾区美丽生态休闲空间

1. 构建多级城区生态网络

以"三级公园体系"建设为核心，科学规划城市公园，优化城市公园布局，完善社区公园功能，推动公园绿地与其他公共空间融合，构建网络化、系统化的绿地公共空间体系。结合城市自然山水地貌，建设城市天际轮廓线，打造城市地标景观，塑造城市建筑风格，形成独具魅力的粤港澳大湾区城市景观。

2. 推进绿色生态水网建设

以东江、西江、北江和珠三角河网等河道为主干廊道，以大小河涌为连通网线，以星罗棋布的湿地公园为生态节点，与绿色网络、景观林带相呼应，加强水网生态廊道建设，把河流、河涌、库塘、湖泊尽可能地联通，最终实现水网湿地互联互通，构建立体绿色生态水网。

3. 构建粤港澳大湾区公共亲水空间

建设城市中央滨水空间和滨水游憩商务区，塑造沿海休闲岛链，整体打造香港维多利亚港两岸经新界西及后海湾至前海、珠澳海滨景观长廊、广州南沙经海鸥岛至珠江新城等世界级滨海景观带，打造河流、滨海景观节点和生态廊道，建

设一批具有示范意义的水环境休闲廊道或节点项目。

4. 串联粤港澳大湾区绿道网

以广东省1—6号绿道、香港麦理浩径为骨干，全面铺开城市绿道建设，串联自然保护区、风景名胜区、历史文化保护区和公园广场等功能区，建设深港边界、珠澳边界跨界绿道，实现粤港澳大湾区休闲廊道的互联互通，建成以绿道为串联的粤港澳大湾区生态休闲精品游线。广东省绿道2号线经由沙头角口岸进入香港，与香港远足径相衔接；深圳绿道福田段沿珠江口海岸线，经皇岗—落马洲口岸延伸至香港境内，与香港的新界单车径相衔接；广东省绿道1号线珠海段情侣路，经拱北口岸向南延伸与澳门半岛绿环、新填海区滨海绿道相衔接；珠海绿道金湾段通过湾仔码头与澳门半岛绿环衔接；珠海绿道横琴段经横琴口岸，与澳门氹仔莲花单车径相衔接。

三、强化绿色生活引导和宣传

1. 示范推进生活垃圾减量与分类

开展生活垃圾分类顶层设计，明确垃圾分类的标准、流程。推行生活垃圾计量收费，建立垃圾分类相关法律法规、标准体系和惩罚机制，强制推行生活垃圾分类，加强分类宣传和引导，实施形成可复制、可推广的生活垃圾分类模式。

（1）推行生活垃圾计量收费。控制生活垃圾的源头是实现减量的有效途径，参照"使用者付费"的原则，设计生活垃圾收费制度，设定每户每月最低收费的生活垃圾额度基线，规定每户每月超出基线部分，以梯度收费的方法另外收取费用，并考虑采用垃圾处理费随袋征收的方法。

（2）实施生活垃圾分类执法监管。制定配套法律法规，设立生活垃圾分类监督机构，对个人垃圾分类投放行为进行监督执法，可采取街道综合执法队流动执法、物业管理单位视频监控、居民监督举报等多种方式，锁定证据后即可由执法队伍按法规做出处罚。建立完善公众监督和反馈渠道，利用公众之间的相互监督促进垃圾分类的实施、遏制垃圾随意倾倒现象，考虑采用垃圾分类袋实名制的做法，提高公民的责任感和互相监督意识。

（3）加强垃圾分类与减量的宣传教育。从社区及学校两个方面开展垃圾减量和分类的宣传和教育，普及垃圾减量意识和垃圾分类知识。在居民区内，定期前往居民区，开展垃圾减量和分类活动，引导居民参与生活垃圾减量和分类意识的培育。在垃圾倾倒点处设立宣传牌，标明垃圾分类标准与细则，并标注垃圾处理中心的热线，提供垃圾分类答疑服务。学校教育方面，将垃圾分类知识带入课堂，从小培养学生对生活垃圾分类、处理的知识，利用孩子影响家庭的方式宣传垃圾分类知识。

（4）从运输、处理环节提高垃圾分类效能。改变混合运输生活垃圾的方式，提供生活垃圾分类运输设备。引入厌氧消化、机械生物处理、等离子等国际先进垃圾处理技术，提高垃圾分拣能力及处理效率，特别是厨余垃圾的干湿分离，鼓励本地环保企业自主研发垃圾处理工艺。

2．引导公众绿色生活

提倡环保出行，通过降低公共交通成本、推行自行车租赁、发展汽车共乘等方式引导公众绿色出行。推广低碳办公，推行无纸化办公，回收利用可资源化办公用品。提倡低碳家居，鼓励简装家居风格，使用绿色环保建材，循环利用废旧物品，分类投放生活垃圾。倡导绿色消费，减少不必要的消费，拒绝过度包装，购买可循环使用的产品，减少购买一次性产品。

3．加强绿色生活宣传

成立粤港澳大湾区生态文明宣传联盟，指导政府部门将生态环境建设、生态文化产品创作、生态文明理念传播纳入常规工作体系，组织跨行政区的大型生态环境保护宣传活动，搭建粤港澳大湾区生态文化宣传平台，鼓励、引导社会力量、资本、公益组织积极参与粤港澳大湾区生态文化宣传。

第六节　健全支撑保障体系

一、加强环境技术支撑

1. 加强环境技术研究

整合环境技术研发资源，组建粤港澳大湾区生态研究院，加大资源环境、生态环保领域核心关键技术攻关和转化应用的力度，形成源头控制、清洁生产、末端治理和生态环境修复的成套技术，为重大环境问题提供系统性技术解决方案，助力发展环保高新技术产业。重点研究生态环境监测立体化、自动化、智能化水平技术，着力突破生态评估、产品生态设计和实现生态安全的过程控制与绿色替代关键技术，开发环境健康风险评估与管理技术、高风险化学品的环境友好替代技术，开展重大工程生态评价与生态重建技术研究。

2. 加强环境标准体系建设

开展环境基准和标准制定的相关研究，根据实际情况变化及时调整更新污染物质控制标准。增加并细化环境质量标准项目，提高现有项目的环境标准与污染物排放标准，实施更加严格的总量控制计划。

3. 搭建粤港澳大湾区"空天地一体化"环境信息网络

依托深圳信息产业优势，创新环境技术支撑，借助"3S"、MIS（管理信息系统）、大数据、物联网等技术，搭建图形可视化、信息可查询、数据可共享、决策可支撑的粤港澳大湾区"空天地一体化"环境信息网络，涵盖环境质量自动监测系统、环境信息数据库、环境信息共享平台、环境质量数字化管理决策平台等，实现对空气、水、噪声、土壤、生态资源等要素监测数据的共享互通与可视化展示、污染源的动态监管、环境风险的监测预警。其中：

（1）环境质量自动监测：建立环境质量及生态资源自动监测网络，将所有要素集成为一个环境质量自动监测系统,将不同环境监测业务纳入统一的平台进行管理,形成各类环境质量自动监测站点的维护控制、监测数据收集展示体系。

(2)监测数据可视化:整合环境监测数据,自动计算空气污染指数、河流综合污染指数等相关指标,运用GIS进行监测数据的叠加、统计分析和动态图绘制,最终以报表、可视化图、环境质量公报等形式进行输出和公布。

(3)污染源动态监管:整合各地区的重点污染源在线监控系统,实现对重点污染源的实时监控。同时,根据环境质量监测数据,实现对污染物的反演,并分析扩散趋势。

(4)环境风险预警:根据实时监测数据,对污染物超标、污染源非法排放实施监控,对超标污染物和引发污染的污染源进行预警预报,并进行污染要素成因分析和污染源追溯。同时,根据对现有环境数据的分析,进行趋势预判,识别潜在风险。

4. 率先建立全覆盖的碳排放交易市场

以三地现有的试点工作为基础,以高污染、高能耗和资源型行业为主,适当增加符合交易条件的机构和个人,将配额现货和自愿减排量同时纳为交易产品,建立基于"互联网+"的多行业碳排放交易市场。建立碳管理账户体系,将企业或个人的碳权进行唯一性及可追踪性认定,并提供碳权交易、移转与储存的账户管理服务。建立碳排放核算平台,分行业、分账户实现地区碳排放量的自动核算和集中管理。建立碳排放交易系统,实现碳排放权交易登记注册、交易和监管核证,强化广州、深圳、香港碳排放交易所的服务功能和影响力。

二、创新绿色金融市场

1. 创新金融服务模式

探索环境产品和服务的市场化运作,建立绿色金融二级市场,鼓励金融机构按照风险可控、商业可持续原则支持生态建设项目。利用政企合作投资基金和国际金融组织、外国政府贷款,积极支持符合条件的生态项目建设。完善绿色信贷总体框架,大力发展绿色信贷。引导银行业金融机构创新服务模式,加快发展绿色投行业务，开发绿色金融债、绿色资产证券化等适合绿色生态建设项目特点的多元融资产品，做好政府和社会资本合作（PPP）模式的配套金融服务。积极支持符合条件的企业在资本市场进行股权融资，发行标准化债权产品，加大生态项目投资。

2. 发展"全产业链"碳金融服务

充分利用全国统一的碳排放权交易市场加快建立的契机，有序创新发展碳远期、碳掉期、碳期权、碳租赁、碳债券、碳资产证券化和碳基金等各类碳金融产品和衍生工具，发展环境权益回购、碳保理、碳托管和碳交易财务顾问等金融产品，初步形成涵盖企业碳资产从生成到交易管理的"全产业链"配套综合金融服务。

3. 鼓励第三方成为环境治理主体

积极探索运用 PPP 等模式，利用绿色发展基金在绿色金融领域的优惠政策，合理借力，赢得市场份额，推动企业成为环境治理的实施主体和投入主体。鼓励政府部门通过合同、委托等方式向社会购买服务，推进城市生活污水垃圾处理、环境监测、土地修复、环境评价、生态类评估等社会化、专业化运营服务。鼓励和引导社会资本、民间资本投向生态环境保护项目，推行环境污染第三方治理。

三、健全环境教育体系

强化义务教育阶段环境保护教育体系建设，针对不同年龄阶段和不同学科要求，制订差异化的教育方式，编写环境教育丛书，把生态文明知识和课程纳入国民教育体系。加强高等院校环境类学科专业建设，根据学校特点有针对性地培养研究型、应用型人才，鼓励高校开设环境保护选修课，积极支持大学生开展环保社会实践活动。培养环保职业专业人才，加强对环保职业教育人才需求预测、专业设置、教材建设、师资队伍、校企合作等方面的指导，培养更多更好的环境保护专业人才。

专栏 4　港澳环境教育体系建立的先进做法

澳门：通过举办"暑期教师环境教育课程"来推广学校环保教育，借助本地社团向联合国环境规划署提交申请竞选"地球卫士"环保奖项，出版一系列环保科普丛书，首创"澳门环保酒店奖"量化业界节水、节能和减废指标等。

香港：开展可持续发展学校外展计划、学校奖励计划、大使计划，并设立可持续发展奖，与中学生一起探讨有关可持续发展的议题，表扬学校在推动可持续发展方面的努力。面向全体市民设立了可持续发展基金，以鼓励市民在香港实践可持续发展计划。设有四间环境资源中心（包括一辆流动环境资源中心），以及《南生围河流导赏径》（图 15-5）等环境教育主题的公共休闲项目，可以让公众了解有关环境的咨讯。

图 15-5　南生围河流导赏径

四、搭建生态合作平台

强化生态合作平台建设，推动粤港澳大湾区城市建设、公众生活、污染治理等领域基础设施的一体化建设，强化生产、生活、生态空间的互联互通；开展更为有效的跨区域共治项目，推动水、气污染治理与生态建设方面的专项深入合作；加强创新资源的整合，打造一批示范性的跨区域合作的经济共同体项目；建立粤港澳大湾区生态环保人才库，推动环保社会组织和智库的交流与合作。

参考文献

[1] 周瑛, 刘洁, 吴仁海. 珠江三角洲水环境问题及其原因分析[J]. 云南地理环境研究, 2003 (4): 47-53.

[2] 周秋文, 苏维词, 陈书卿. 基于景观指数和马尔科夫模型的铜梁县土地利用分析[J]. 长江流域资源与环境, 2010, 19 (7): 770-775.

[3] 周美春. 长三角与珠三角城市环境空气质量变化对比分析[J]. 环境研究与监测, 2010, 23 (2): 33-36, 41.

[4] 赵玉灵. 广东省海岸线与红树林现状遥感调查与保护建议[J]. 国土资源遥感, 2017(S1): 114-120.

[5] 张云, 张建丽, 李雪铭, 等. 1990 年以来中国大陆海岸线稳定性研究[J]. 地理科学, 2015, 35 (10): 1288-1293.

[6] 张玉环, 余云军, 龙颖贤, 等. 珠三角城镇化发展重大资源环境约束探析[J]. 环境影响评价, 2015, 37 (5): 14-17, 23.

[7] 张予, 刘某承, 白艳莹, 等. 京津冀生态合作的现状、问题与机制建设[J]. 资源科学, 2015, 37 (8): 1529-1535.

[8] 张宜辉, 王文卿. 入侵植物互花米草和红树植物的相对竞争能力[C]. 第五届中国青年生态学工作者学术研讨会, 广东广州, 2008.

[9] 张怡, 李晓敏, 马毅, 等. 基于遥感的珠江口海岸线变迁分析[J]. 海洋测绘, 2014, 34 (3): 52-55.

[10] 陈金月. 基于 GIS 和 RS 的近 40 年珠江三角洲海岸线变迁及驱动因素研究[D]. 成都: 四川师范大学, 2017.

[11] 张晓浩, 黄华梅, 王平, 等. 1973—2015 年珠江口海域岸线和围填海变化分析[J]. 海洋湖沼通报, 2016 (5): 9-15.

[12] 张涛, 苏奋振, 杨晓梅, 等. MODIS 遥感数据提取赤潮信息方法与应用——以珠江口为例[J]. 地球信息科学学报, 2009, 11 (2): 244-249.

[13] 张宝春，陈彦军，李伟铿，等. 基于 GIS 的珠三角区域空气质量时空特征研究[J]. 生态环境学报，2011，20（4）：600-605.

[14] 姚晓静，高义，杜云艳，等. 基于遥感技术的近 30a 海南岛海岸线时空变化[J]. 自然资源学报，2013，28（1）：114-125.

[15] 杨瑞生. 珠江三角洲经济区矿山开采引发的主要生态环境地质问题[J]. 科学咨询（决策管理），2008（3）：21.

[16] 杨剑，林奎，杨大勇，等. 基于 RS 与 GIS 的珠三角地区土地利用变化研究[C]. 第二届"测绘科学前沿技术论坛"，吉林长春，2010.

[17] 杨代友. 珠江三角洲经济区生态环境问题及对策建议[J]. 城市发展研究，2011，18（8）：59-63.

[18] 晏吕霞，王玉明. 政府间环境合作协议存在的问题及完善建议——以珠三角为例[J]. 行政与法，2016（9）：1-9.

[19] 颜天，周名江，邹景忠，等. 香港及珠江口海域有害赤潮发生机制初步探讨[J]. 生态学报，2001（10）：1634-1641.

[20] 徐向东，卢建国. 珠江口海域溢油污染防治[C]. 2001 中国水污染治理行业发展论坛，江苏常州，2001.

[21] 谢志宜，罗小玲，郭庆荣，等. 耕地土壤环境质量监测网最优网格尺度识别研究——以珠三角耕地土壤镉为例[J]. 生态环境学报，2015，24（9）：1519-1525.

[22] 谢守红. 珠江三角洲资源、环境问题与可持续发展对策[J]. 国土与自然资源研究，2003（4）：41-43.

[23] 肖悦，田永中，许文轩，等. 近 10 年中国空气质量时空分布特征[J]. 生态环境学报，2017，26（2）：243-252.

[24] 吴巍，陈敏，王楠，等. 中国城镇用地扩展时空异质性研究进展[J]. 地理与地理信息科学，2017，33（6）：57-63.

[25] 吴蒙，彭慧萍，范绍佳，等. 珠江三角洲区域空气质量的时空变化特征[J]. 环境科学与技术，2015，38（2）：77-82.

[26] 毋亭，侯西勇. 海岸线变化研究综述[J]. 生态学报，2016，36（4）：1170-1182.

[27] 韦桂秋，王华，蔡伟叙，等. 近 10 年珠江口海域赤潮发生特征及原因初探[J]. 海洋通报，2012，31（4）：466-474.

[28] 王卫. 珠江三角洲核心区与外缘区土地利用变化及对比分析[D]. 广州：广州大学，2010.

[29] 王德智，邱彭华，方源敏，等. 海口市海岸带土地利用时空格局变化分析[J]. 地球信息科学学报，2014，16（6）：933-940.

[30] 唐昀凯，刘胜华. 城市土地利用类型与 $PM_{2.5}$ 浓度相关性研究——以武汉市为例[J]. 长江流域资源与环境，2015，24（9）：1458-1463.

[31] 申冲. 珠三角地区大气环境污染研究综述[J]. 广东化工，2015，42（8）：144，157.

[32] 彭文甫，周介铭，罗怀良，等. 城市土地利用变化对生态系统服务价值损益估算——以成都市为例[J]. 水土保持研究，2011，18（4）：43-51，277.

[33] 彭建，魏海，李贵才，等. 基于城市群的国家级新区区位选择[J]. 地理研究，2015，34（1）：3-14.

[34] 马玉，李团结，高全洲，等. 珠江口沉积物重金属背景值及其污染研究[J]. 环境科学学报，2014，34（3）：712-719.

[35] 刘艳艳，王少剑. 珠三角地区城市化与生态环境的交互胁迫关系及耦合协调度[J]. 人文地理，2015，30（3）：64-71.

[36] 刘旭拢，邓孺孺，许剑辉，等. 近 40 年来珠江河口区海岸线时空变化特征及驱动力分析[J]. 地球信息科学学报，2017，19（10）：1336-1345.

[37] 刘瑞，朱道林. 基于转移矩阵的土地利用变化信息挖掘方法探讨[J]. 资源科学，2010，32（8）：1544-1550.

[38] 刘建，范绍佳，吴兑，等. 珠江三角洲典型灰霾过程的边界层特征[J]. 中国环境科学，2015，35（6）：1664-1674.

[39] 刘家福，王平，李京，等. 土地利用格局景观指数算法与应用[J]. 地理与地理信息科学，2009，25（1）：107-109.

[40] 廖志恒，孙家仁，范绍佳，等. 2006—2012 年珠三角地区空气污染变化特征及影响因素[J]. 中国环境科学，2015，35（2）：329-336.

[41] 李学杰. 应用遥感方法分析珠江口伶仃洋的海岸线变迁及其环境效应[J]. 地质通报，2007（2）：215-222.

[42] 李继东. 珠江三角洲城市群的生态圈整合发展战略[J]. 科技进步与对策，2011，28（4）：29-33.

[43] 柯东胜,关志斌,韩联名,等. 珠江口海域环境问题与对策[J]. 海洋开发与管理，2007（2）：88-92.

[44] 金太军，唐玉青. 区域生态府际合作治理困境及其消解[J]. 南京师范大学学报（社会科学版），2011（5）：17-22.

[45] 简梓红，杨木壮，梁丽婉. 广东肇庆鼎湖区土地利用变化及驱动力分析[C]. 中国农村土地整治与城乡协调发展学术研讨会，贵州贵阳，2012.

[46] 黄小平，田磊，彭勃，等. 珠江口海域环境污染研究进展[J]. 热带海洋学报，2010，29（1）：1-7.

[47] 胡乔利，齐永青，胡引翠，等. 京津冀地区土地利用/覆被与景观格局变化及驱动力分析[J]. 中国生态农业学报，2011，19（5）：1182-1189.

[48] 韩永伟，高吉喜，李政海，等. 珠江三角洲海岸带主要生态环境问题及保护对策[J]. 海洋开发与管理，2005（3）：84-87.

[49] 郭玉宝，池天河，彭玲，等. 利用随机森林的高分一号遥感数据进行城市用地分类[J]. 测绘通报，2016（5）：73-76.

[50] 高志强，刘向阳，宁吉才，等. 基于遥感的近30a中国海岸线和围填海面积变化及成因分析[J]. 农业工程学报，2014，30（12）：140-147.

[51] 高义，王辉，王培涛，等. 基于人口普查与多源夜间灯光数据的海岸带人口空间化分析[J]. 资源科学，2013，35（12）：2517-2523.

[52] 高义，苏奋振，孙晓宇，等. 珠江口滨海湿地景观格局变化分析[J]. 热带地理，2010，30（3）：215-220，226.

[53] 付红波，李取生，骆承程，等. 珠三角滩涂围垦农田土壤和农作物重金属污染[J]. 农业环境科学学报，2009，28（6）：1142-1146.

[54] 方世南. 生态合作治理制度建设：价值、困境与对策[J]. 南京林业大学学报（人文社会科学版），2014，14（4）：13-18.

[55] 方创琳. 中国城市群研究取得的重要进展与未来发展方向[J]. 地理学报，2014，69（8）：1130-1144.

[56] 范东芳，詹正华. 珠三角区域跨界环境问题的经济分析[J]. 特区经济，2010（12）：23-25.

[57] 樊风雷. 珠江三角洲核心区域土地利用时空变化遥感监测及其生态环境效应研究[D]. 广州：中国科学院研究生院（广州地球化学研究所），2007.

[58] 邸向红，侯西勇，吴莉. 中国海岸带土地利用遥感分类系统研究[J]. 资源科学，2014，36（3）：463-472.

[59] 单凤霞,刘珩. 珠江干流(2008—2015年)水质变化趋势与驱动力分析[J]. 广东水利水电, 2017（6）：7-10.

[60] 程迎轩,王红梅,丁一,等. 珠三角土地利用与生态环境协调发展时空演变规律研究[J]. 广东农业科学, 2015, 42 (1)：188-192.

[61] 陈彦军,李伟铿,张宝春,等. 基于GIS的珠三角区域空气质量时空演化分析模型研究[J]. 中国环境监测, 2012, 28 (5)：136-141.

[62] 陈晶,张礼俊,钟流举. 珠江三角洲空气质量现状及特征[J]. 广东气象, 2008 (4)：15-17.

[63] 曾思坚. 珠江三角洲经济区农业生态环境现状与对策[J]. 热带亚热带土壤科学, 1995 (4)：242-245.

[64] 艾彬,欧阳雪敏,何颖清. 基于多源卫星遥感的珠江口围填海生命周期分析[J]. 海洋开发与管理, 2017, 34 (9)：18-24.

[65] ZHENG J, ZHANG L, CHE W, et al. A highly resolved temporal and spatial air pollutant emission inventory for the Pearl River Delta region, China and its uncertainty assessment[J]. Atmospheric Environment, 2009, 43 (32)：5112-5122.

[66] ZHENG J, SHAO M, CHE W, et al. Speciated VOC emission inventory and spatial patterns of ozone formation potential in the Pearl River Delta, China[J]. Environmental Science & Technology, 2009, 43 (22)：8580-8586.

[67] YU Y, HUANG Q, WANG Z, et al. Occurrence and behavior of pharmaceuticals, steroid hormones, and endocrine-disrupting personal care products in wastewater and the recipient river water of the Pearl River Delta, South China[J]. Journal of Environmental Monitoring, 2011, 13 (4)：871-878.

[68] YOUSSEF A M, POURGHASEMI H R, POURTAGHI Z S, et al. Landslide susceptibility mapping using random forest, boosted regression tree, classification and regression tree, and general linear models and comparison of their performance at Wadi Tayyah Basin, Asir Region, Saudi Arabia[J]. Landslides, 2016, 13 (5)：839-856.

[69] YEH A G O, LI X. Urban growth management in the Pearl river delta: an integrated remote sensing and GIS approach[J]. ITC Journal, 1996.

[70] YEH A G O, LI X. An integrated remote sensing and GIS approach in the monitoring and evaluation of rapid urban growth for sustainable development in the Pearl River Delta,

China[J]. International Planning Studies, 1997, 2 (2): 193-210.

[71] XUE‐QIANG X, SI‐MING L. China's open door policy and urbanization in the Pearl River Delta region[J]. International Journal of Urban and Regional Research, 1990, 14 (1): 49-69.

[72] WANG X, CARMICHAEL G, CHEN D, et al. Impacts of different emission sources on air quality during March 2001 in the Pearl River Delta (PRD) region[J]. Atmospheric Environment, 2005, 39 (29): 5227-5241.

[73] TATSUMI K, YAMASHIKI Y, TORRES M A C, et al. Crop classification of upland fields using Random forest of time-series Landsat 7 ETM+ data[J]. Computers and Electronics in Agriculture, 2015, 115: 171-179.

[74] SETO K C, WOODCOCK C, SONG C, et al. Monitoring land-use change in the Pearl River Delta using Landsat TM[J]. International Journal of Remote Sensing, 2002, 23 (10): 1985-2004.

[75] SESNIE S E, GESSLER P E, FINEGAN B, et al. Integrating Landsat TM and SRTM-DEM derived variables with decision trees for habitat classification and change detection in complex neotropical environments[J]. Remote Sensing of Environment, 2008, 112 (5): 2145-2159.

[76] RODRIGUEZ-GALIANO V F, GHIMIRE B, ROGAN J, et al. An assessment of the effectiveness of a random forest classifier for land-cover classification[J]. ISPRS Journal of Photogrammetry and Remote Sensing, 2012, 67: 93-104.

[77] RODRIGUEZ-GALIANO V, CHICA-OLMO M, ABARCA-HERNANDEZ F, et al. Random Forest classification of Mediterranean land cover using multi-seasonal imagery and multi-seasonal texture[J]. Remote Sensing of Environment, 2012, 121: 93-107.

[78] PUISSANT A, ROUGIER S, STUMPF A. Object-oriented mapping of urban trees using Random Forest classifiers[J]. International Journal of Applied Earth Observation and Geoinformation, 2014, 26: 235-245.

[79] PAL M. Random forest classifier for remote sensing classification[J]. International Journal of Remote Sensing, 2005, 26 (1): 217-222.

[80] MILLARD K, RICHARDSON M. On the importance of training data sample selection in random forest image classification: A case study in peatland ecosystem mapping[J]. Remote Sensing, 2015, 7 (7): 8489-8515.

[81] LIU Y, SHAO M, LU S, et al. Volatile organic compound (VOC) measurements in the Pearl River Delta (PRD) region, China[J]. Atmospheric Chemistry and Physics, 2008, 8 (6): 1531-1545.

[82] LIU S, HU M, WU Z, et al. Aerosol number size distribution and new particle formation at a rural/coastal site in Pearl River Delta (PRD) of China[J]. Atmospheric Environment, 2008, 42 (25): 6275-6283.

[83] LI Y-W, WU X-L, MO C-H, et al. Investigation of sulfonamide, tetracycline, and quinolone antibiotics in vegetable farmland soil in the Pearl River Delta area, southern China[J]. Journal of Agricultural and Food Chemistry, 2011, 59 (13): 7268-7276.

[84] LI X, YEH A. Principal component analysis of stacked multi-temporal images for the monitoring of rapid urban expansion in the Pearl River Delta[J]. International Journal of Remote Sensing, 1998, 19 (8): 1501-1518.

[85] KO B C, KIM H H, NAM J Y. Classification of potential water bodies using Landsat 8 OLI and a combination of two boosted random forest classifiers[J]. Sensors, 2015, 15(6): 13763-13777.

[86] KAUFMANN R K, SETO K C. Change detection, accuracy, and bias in a sequential analysis of Landsat imagery in the Pearl River Delta, China: econometric techniques[J]. Agriculture, Ecosystems & Environment, 2001, 85 (1-3): 95-105.

[87] JHONNERIE R, SIREGAR V P, NABABAN B, et al. Random forest classification for mangrove land cover mapping using Landsat 5 TM and ALOS PALSAR imageries[J]. Procedia Environmental Sciences, 2015, 24: 215-221.

[88] HU M, WU Z, SLANINA J, et al. Acidic gases, ammonia and water-soluble ions in $PM_{2.5}$ at a coastal site in the Pearl River Delta, China[J]. Atmospheric Environment, 2008, 42 (25): 6310-6320.

[89] HAYES M M, MILLER S N, MURPHY M A. High-resolution landcover classification using Random Forest[J]. Remote Sensing Letters, 2014, 5 (2): 112-121.

[90] HAM J, CHEN Y, CRAWFORD M M, et al. Investigation of the random forest framework for classification of hyperspectral data[J]. IEEE Transactions on Geoscience and Remote Sensing, 2005, 43 (3): 492-501.

[91] GHOSH A, SHARMA R, JOSHI P. Random forest classification of urban landscape using

Landsat archive and ancillary data: Combining seasonal maps with decision level fusion[J]. Applied Geography, 2014, 48: 31-41.

[92] FAN F, WANG Y, WANG Z. Temporal and spatial change detecting (1998—2003) and predicting of land use and land cover in Core corridor of Pearl River Delta (China) by using TM and ETM+ images[J]. Environmental monitoring and assessment, 2008, 137 (1-3): 127.

[93] CHONGBIN L. Quantitative judgement and classification system for coordinated development of environment and economy—A Case Study of the City Group in the Pearl River Delta[J]. Tropical Geography, 1999, 2.

[94] CAO J, LEE S, HO K, et al. Spatial and seasonal variations of atmospheric organic carbon and elemental carbon in Pearl River Delta Region, China[J]. Atmospheric Environment, 2004, 38 (27): 4447-4456.

[95] BELGIU M, DRĂGUȚ L. Random forest in remote sensing: A review of applications and future directions[J]. ISPRS Journal of Photogrammetry and Remote Sensing, 2016, 114: 24-31.

[96] ADAM E, MUTANGA O, ODINDI J, et al. Land-use/cover classification in a heterogeneous coastal landscape using RapidEye imagery: evaluating the performance of random forest and support vector machines classifiers[J]. International Journal of Remote Sensing, 2014, 35(10): 3440-3458.

[97] Chen B, Xiao X, Li X, et al. A mangrove forest map of China in 2015: Analysis of time series Landsat 7/8 and Sentinel-1A imagery in Google Earth Engine cloud computing platform[J]. Isprs Journal of Photogrammetry & Remote Sensing, 2017, 131: 104-120.